Robert Gombert

Drechseln

Ravensburger Buchverlag

Mein Dank gilt nachstehenden Firmen und deren Mitarbeitern, die mir Geräte, Materialien und Hilfe zur Verfügung stellten.

Drehbank und Zubehör:
Friedr. Aug. Arnz
Flott-Maschinenfabrik
Vieringhausen 131
42816 Remscheid

Einheimische und exotische Hölzer:
Theodor Nagel
Ausländische und deutsche Nutzhölzer
Billstraße 118
20539 Hamburg

Lacke und Beizen:
Alfred Clouth
Lackfabrik
Postfach 100 363
36003 Offenbach

Ausführung der Arbeiten:
Gesellen und Auszubildende der Drechslerei
Gebr. Gombert
34613 Schwalmstadt-Ziegenhain

Originalausgabe

Umschlagkonzeption: Kraxenberger Kommunikation, München
Umschlaggestaltung: Ekkehard Drechsel BDG
Umschlagfoto und Fotos: Robert Gombert
Zeichnungen: Melanie-Babette Wedhorn
Gesamtherstellung: Himmer, Augsburg
Printed in Germany

99 98 97 96 4 3 2 1

ISBN 3-473-42538-9

Die Deutsche Bibliothek – CIP-Einheitsaufnahme

Drechseln/Robert Gombert.
[Zeichn.: Melanie-Babette Wedhorn]. –
Ravensburg: Ravensburger Buchverl., 1996
(Ravensburger Hobby: Gestalten mit Holz)
ISBN 3-473-42538-9
NE: Gombert, Robert;
Wedhorn, Melanie-Babette

Inhalt

Holz ist wahrscheinlich seit jeher das gebräuchlichste Material des Menschen gewesen. Aus ihm wurden Brücken und Häuser konstruiert, Truhen und Betten gebaut und natürlich auch allerlei Gebrauchsgeräte geschaffen.

Verstand und Geschick befähigten uns immer wieder aufs Neue, bessere und schönere Dinge aus diesem trefflichen Geschenk der Natur, dem Holz, zu machen. Dabei muß man zum Beispiel nur an die wunderschönen Möbel der vergangenen Jahrhunderte mit ihren Einlegearbeiten aus edlen Hölzern denken.

Das Material Holz vermag Wärme und Ruhe auszustrahlen. Andächtig und fasziniert bestaunt man die prächtige Maserung wertvoller Hölzer, so als wäre es Perlmutt. Man kann sich regelrecht in Holz verlieben, möchte es in die Hand nehmen und selbst etwas Schönes daraus machen.

Eine Möglichkeit dazu ist das Drechseln. Diese Tätigkeit kann sehr spannend, angenehm und zugleich kreativ sein. Es ist immer wieder beeindrukkend, wenn man durch sein eigenes Tun erlebt, wie ein rotierendes Stück Holz Form annimmt, man diese ändern, ergänzen und sie immer wieder neu gestalten kann.

Es sind besonders drei Dinge, die das Hobby Drechseln so schön machen: die Arbeit mit dem Material Holz, seine künstlerische Gestaltung und auch der handwerkliche Umgang mit Werkzeugen und Maschinen.

Wie bezeichnet man diese Technik der Holzbearbeitung nun eigentlich wirklich? Sagt man Drehen oder Drechseln, Drechselbank, Drehbank oder gar Holzdrehbank? Alle Bezeichnungen werden verwendet. Der professionelle Drechsler spricht immer von der Drehbank. Wenn er an ihr arbeitet, dann dreht er. Verbreiteter ist aber die Bezeichnung Drechselbank, und auf ihr wird dann gedrechselt. So ist es eigentlich auch richtig, so sagt es auch der Duden.

Die im Handwerk üblichen Bezeichnungen und Fachausdrücke habe ich in diesem Buch kursiv markiert. Wenn Sie diese Bezeichnungen verwenden, erleichtert es Ihnen das Fachsimpeln unter Drechslerfreunden und -kollegen.

Mit diesem Buch möchte ich helfen, Ihnen eine der schönsten Techniken der Holzbearbeitung näher zu bringen. Ich wünsche Ihnen viel Freude mit dieser uralten Handwerkskunst.

Ihr Robert Gombert
Drechslermeister

Das Ablagebrett muß fest mit der Drehbank verbunden werden. Dazu können im Heimwerkermarkt erhältliche passende Winkel verwendet werden. Diese Konsolen können aber auch von einem Schlosser gefertigt werden. Zur Montage der Winkel müssen entweder am Drehbankbett oder an den Füßen der Drehbank Löcher gebohrt und gegebenenfalls ein 8 mm Gewinde eingeschnitten werden. Eventuell lassen sich die Winkel auch mit einfachen Schloßschrauben und Muttern befestigen.

Die Drehbank ist die Werkbank des Drechslers. Der hellste Platz in der Werkstatt, direkt vor dem Fenster, ist für ihre Aufstellung genau richtig. Auf der Rückseite der Drehbank sollten Sie sich aber zuerst ein stabiles Ablagebrett anbringen, da ein solches wichtiges und ebenso hilfreiches Zusatzteil von keinem Drehbankhersteller mitgeliefert oder angeboten wird. Sie müssen sich diesen Arbeitstisch samt der Konsole also zuerst selbst bauen und auch montieren. Dazu lassen Sie sich am besten von einem Schreiner ein Buchenholzbrett aushobeln. Es sollte etwa 25 – 30 cm breit und 25 – 30 mm dick sein. Die Länge des Brettes sollte der Länge der Drehbank entsprechen. Als hinterer Abschluß des Brettes wird eine Leiste angebracht, die 1 – 2 cm höher ist als das Ablagebrett selbst. Sie verhindert das Herunterrutschen auf dem Brett liegender Teile. Zum Schluß wird das Brett mit farblosem Lack gestrichen, so daß es nicht so rasch verschmutzt.

Die Holzdrehbank

Das Herz der Maschine ist der Spindelstock. Von ihm kommt die Drehbewegung und er trägt die Einspannwerkzeuge, die *Futter*. Die Drehbank in diesem Buch ist eine moderne Maschine. Der Motor ist, nicht sichtbar, im Spindelstock integriert. Die Drehzahlregelung erfolgt stufenlos und arbeitet elektronisch, wie bei den teuren Profimaschinen neuester Bauart. Diese modernen Maschinen haben keine Riemen mehr, die umständlich bei jeder Drehzahländerung auf den Stufenscheiben umgelegt und wieder neu gespannt werden müssen. Unkompliziert läßt sich die Drehzahl über einen Knopf regulieren und ändern. Zur Kontrolle kann man sie sofort auf der Digitalanzeige des Drehzahlmessers ablesen. Sie ist, wie bei einem Auto, in Umdrehungen pro Minute angegeben. Das mathematische Zeichen hierfür ist ein kleines *n*. Für eine Umdrehungszahl von beispielsweise 1400 Umdrehungen pro Minute zeigt der Drehzahlmesser n = 1400 an. Zur Erleichterung werde ich mit diesem

Kürzel jeweils die günstigste Drehzahl angeben.
Links außen am Spindelstock befindet sich ein Handrad. Es dient zum Ausrichten der Werkstücke. Es dient gleichzeitig auch zum Abbremsen der Maschine, zum An- und Abschrauben der Futter sowie zum Überprüfen der Arbeit. Bei stehender Maschine bewegt man mit dem Handrad die Spindel etwas vor und zurück, um zu sehen, ob die Drehspur sauber geworden ist.
Die Handauflage in der Mitte der Maschine ist der eigentliche Arbeitsbereich und dient zur Auflage der Hand mit dem Werkzeug. Die Auflage ist allseitig verstellbar und hat zwei verschieden breite Einsätze, die auswechselbar sind.

Der Reitstock rechts auf dem Drehbankbett ist passend zur Länge des Werkstückes verschiebbar. Mit dem Handrad außen rechts kann man die *Pinole* vor- und zurückschrauben. Genau wie der Spindelstock hat auch die Pinole eine Aufnahme für den Morsekonus MK 2. Sie trägt die *mitlaufende Körnerspitze*, kann aber auch ein Bohrfutter aufnehmen.

Hinweis: Überschreiten sie aus Sicherheitsgründen niemals die genannte Drehzahl. Teile des Werkstücks können sonst bei zu hoher Drehgeschwindigkeit absplittern oder das Holzteil kann ganz aus der Drehbank springen. Zur Aufnahme der Futter hat die Drehbankspindel das Normgewinde M 33 sowie eine Innenaufnahme für den Morsekonus MK 2.

Zubehör

Als Zubehör werden im allgemeinen die *Spannwerkzeuge* bezeichnet. Sie dienen zum Einspannen des Holzes in die Drehbank, und zum Übertragen der Drehbewegung auf das Werkstück.

Die Drehbank besteht aus drei Teilen: dem *Spindelstock* links, der *Handauflage* in der Mitte und dem *Reitstock* rechts. Alle diese Teile sind auf dem *Bett* montiert.

1. *Schraubenfutter* mit drei Beilagescheiben. Diese Scheiben müssen Sie sich aus Sperrholz selbst herstellen. Selbstverständlich können Sie sich die Scheiben auch aus einem 4 oder 5 mm starken Stück Hartfaserplatte anfertigen. Schneiden Sie sich die Stücke auf die entsprechende Größe zu und sägen Sie die Ecken der Plattenstücke ab. Bohren Sie in die Mitte der einzelnen Stücke ein Loch, das etwa 1 mm größer ist als der Schraubendurchmesser. Die drei Scheiben sollen leicht auf die Schraube *fallen.* Bohren Sie anschließend in die Langholzseite eines viereckigen Holzstückchens ein Loch, das 2 mm kleiner ist als die Schraube des Futters. Damit können Sie drei Scheiben auf dem Schraubenfutter wie mit einer Mutter festdrehen.
Jetzt können Sie die Scheiben rund drehen. Haben Sie dazu Sperrholz, also Querholz verwendet, dürfen Sie mit der Röhre beim Runddrehen der Scheibe nicht vorn ansetzen, sondern müssen die Scheiben mit einer kleinen Röhre seitlich bearbeiten, wie es beim Querholzdrehen beschrieben wird. Man braucht das Schraubenfutter allerdings nur zum *Querholzdrehen.*
2. Drei verschieden große *Spundfutter.* Sie werden zum Langholzdrehen ohne Reitstock verwendet.
3. Große, mit Schleifpapier beklebte *Planscheibe.* Schleiftisch zum Einsetzen in den Halter der Handauflage.
4. *Bohrfutter* mit zwei kleinen selbst angeschliffenen Flächen am Konus, um das Futter mit einem Schraubenschlüssel wieder vom Spindelstock abziehen zu können.
5. Kleiner *Dreizackmitnehmer* mit dem Dorn zum Abziehen aus dem Konus der *Spindel.* Dieser Mitnehmer ist das gebräuchlichste Spannwerkzeug, wird aber nur zum *Langholzdrehen* gebraucht.
6. *Spreizzangenfutter* mit den beiden Hakenschlüsseln. Es wird nur zum Querholzdrehen verwendet.
7. Großer Dreizackmitnehmer. Man verwendet ihn nur, wenn große Weichholzstücke in Langholz gedreht werden. Die dazugehörende Körnerspitze hat einen Stützrand, um ein zu tiefes Eindrücken in das Holz zu verhindern.
8. Zwei verschieden breite Einsätze für die Handauflage.

Mit diesem Zubehör sind Sie so gut ausgerüstet, wie jeder professionelle Drechslermeister.

Drehwerkzeuge

Nur fünf Drehwerkzeuge sind als Grundausstattung ausreichend: zwei *Meißel* und drei *Röhren.* Die Hohlmeißel werden als *Röhren* bezeichnet.
Manche Händler liefern die Werkzeuggriffe gleich mit. Meist sind diese Griffe unvernünftig lang und zudem noch zu dick. Um gefühlvoll arbeiten zu können, sollten die Werkzeughefte niemals länger als 16 cm sein.

Hinweis: Schrauben Sie ein Futter nur bei stehender Maschine auf die Spindel. Wenn Sie zum Erleichtern des Aufschraubens das Futter mit seinem Gewinde vor die laufende Spindel halten, wird sich das Futter mit einem klatschenden Geräusch so festziehen, daß Sie es mit herkömmlichen Methoden nicht mehr lösen können.

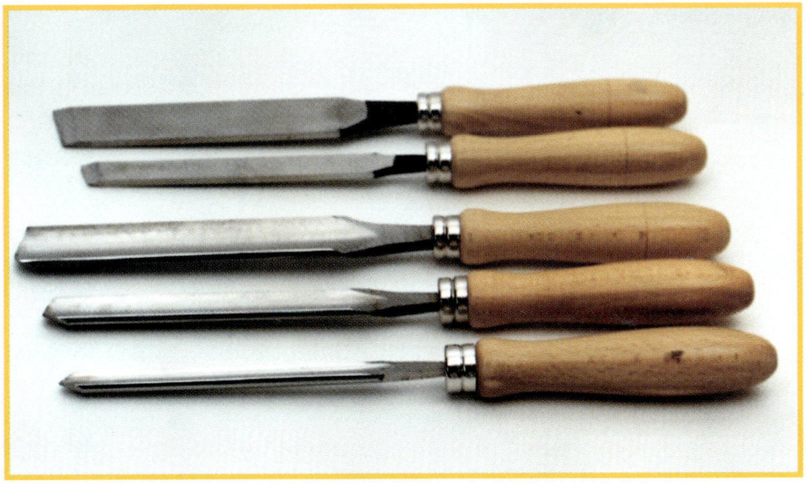

Der große Meißel sollte eine Breite von 30 mm und der schmale Meißel eine Breite von 16 mm haben. Seit neuestem gibt es Meißel mit ovalem Querschnitt, sie liegen besser in der Hand.
Die große Röhre sollte 30 mm breit sein. Die mittlere, die *Formröhre*, sollte eine Breite von 20 mm und die kleine Röhre eine Breite von 12 mm haben.

Diese Hefte können Sie sich auch selbst herstellen. Einen Werkzeuggriff zu drehen ist eine recht einfache Arbeit und man kann hier gleich seine ersten Drechselübungen für Langholz machen. Nehmen Sie ein etwa 15 – 17 cm langes Stück Buchenholz. Spannen Sie das Holz zwischen den kleinen Dreizackmitnehmer und die Körnerspitze des Reitstocks. Achten Sie auf den sicheren Sitz des Holzes in der Drehbank und lassen Sie die Maschine mit etwa n = 2000 laufen. Jetzt muß mit der großen Röhre das kantige Stück Holz rund gearbeitet und zugleich auf einen Durchmesser von 30 mm gebracht werden. Anschließend muß mit der mittleren Röhre die leicht geschwungene Form des Griffs und auch der Absatz für die *Zwinge*, sowie das runde Ende des Griffs gedreht werden. Zum Abschluß wird in den fertigen Griff noch ein gerades Loch für die *Angel* des Werkzeugs gebohrt. Selbstverständlich lackiert man dann noch den Griff, so daß er beim Gebrauch nicht so leicht verschmutzt. Wenn Sie keine *Zwingen* haben – so nennt man die Eisenringe vorne am Heft – schneiden Sie sich passende Stücke von einem Metallrohr ab und stekken Sie sie auf das Heft auf.

Meßwerkzeuge

Alle drei dieser Meßwerkzeuge werden Sie ständig brauchen.

1. Mit dem *Spitzzirkel* werden die Längenmaße übertragen und angerissen.
2. Den *Taster* benötigt man, um einen größeren Außendurchmesser zu erfassen.
3. Die *Schieblehre* ist das meistgebrauchte Meßwerkzeug. Man kann damit sowohl den Außen- als auch den Innendurchmesser eines Werkstücks ermitteln, sowie mit der ausschiebbaren Zunge die Tiefe eines Loches messen.

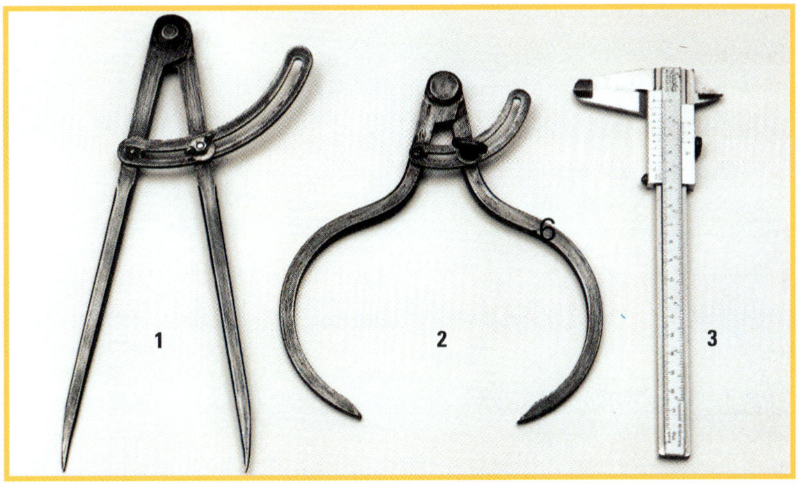

Holzarten

Die Vielzahl verschiedener Holzarten läßt sich in drei Gruppen unterteilen: Nadelhölzer – Laubhölzer – exotische Hölzer.
Jede Holzart hat ein anderes Aussehen, einen anderen Geruch und jeweils auch andere Merkmale. Doch Eigenschaften wie Wetterfestigkeit, Härte oder Biegefähigkeit sollen hier außer acht bleiben, da sie für das Drechseln weniger wichtig sind. Es soll hier vor allem das Aussehen der wichtigsten Holzarten beschrieben werden, da es wesentlich die Wirkung der fertig gedrechselten Dinge mitbestimmt.
Am Beispiel der verschiedenen Weinglasuntersetzer – jedes Stück aus einem anderen Holz – kann die Wirkung der wichtigsten Holzarten gut demonstriert werden. Sie können sich eine solche Sammlung auch selbst drechseln. Ihre Freunde werden staunen, wie schön und vielfältig Holz sein kann.

Nadelhölzer

Die heimischen Nadelholzarten sind Fichte, Lärche und Kiefer. Durch die unterschiedlich harten Jahresringe des Früh- und Spätholzes ist das Drechseln dieser Hölzer schwierig, denn der Schnitt quer zur Faser wird nie sauber. Aus diesem Grund sollen die Nadelhölzer hier nicht weiter beachtet werden.

Heimische Laubhölzer

Von den vielen Laubholzarten werden hier nur acht vorgestellt. Sie sind aber die bekanntesten und als Drechslerholz bestens geeignet.

Kirschbaum ist eines der feinsten heimischen Drechselhölzer. Es ist ein Hartholz von rötlicher Farbe. Es läßt sich gut drehen und bekommt aufgrund seiner Feinporigkeit eine glatte Oberfläche.

Linde ist ein wunderbares Weichholz und, ähnlich der Erle, sehr hervorragend zum Drechseln geeignet. Es wirkt verglichen mit der Erle aber noch edler. Die geschnitzten Altarfiguren des Mittelalters waren vor allem aus Lindenholz. Besonders vorteilhaft für den Drechsler ist, daß sich Lindenholz auch quer zur Faser sauber bearbeiten läßt. Es hat kaum sichtbare Poren und ist von schwach gelblicher Farbe.

Erle ist das beliebteste Holz des Handdrechslers. Die Erle wächst meist an Bachläufen und ist von gelblichroter Farbe. Dieses Holz läßt sich besonders leicht drehen, ist nicht hart und doch stabil. Die Drechselarbeiten an den Möbeln der Gründerzeit waren z. B. vorwiegend aus Erle gefertigt.

**Buche, auch Rotbuche genannt, wird vor allem von Automatendrehern verwendet. 95% aller industriell gedrehten Holzteile sind aus Buche gefertigt. Hochwertigere Gegenstände werden meist nicht aus Buche hergestellt, da dem Holz der Ruf des Billigen anhaftet, obwohl Designer es wieder neu entdeckt haben.
Zum Üben an der Drehbank ist es aber bestens geeignet. Buche läßt sich, auch wenn es ein Hartholz ist, leicht und sauber drehen.**

Esche ist ein sehr zähes, grobporiges Holz. Die jungen Jahresringe sind weiß und das Kernholz hat ein lebendiges Aussehen durch seine bräunlichgelbe bis ins grünlich gehende streifenartige Färbung. Es ist sehr dekorativ. Teller und Schalen aus diesem Holz sehen sehr gut aus.

Nußbaum, auch deutsche Walnuß genannt, ist das edelste unter den heimischen Hölzern. Es hat einen breiten hellen Splint und ein bis ins schokoladenbraune gehendes Kernholz. Es ist nicht besonders hart und läßt sich hervorragend leicht und sauber drehen. Es wird von vielen Drechslern nur für wertvolle Arbeiten verwendet.

Pflaume, auch als Zwetschge bekannt, hat einen gelben Splint und einen kräftig roten Kern. Das Holz ist sehr hart und dicht gewachsen, also ein wirklich schönes Holz zum Drechseln. Allerdings wirft es sich beim Trocknen sehr stark und bildet so leider oft starke Risse. Man kann also nur kleinere Teile davon drechseln. Früher bekamen reiche Bauerntöchter ein fein poliertes Spinnrad aus Zwetschenholz als Hochzeitsgeschenk.

Eiche ist fast schon ein mythisches Holz in Deutschland. Sein legendärer Ruf basiert aber lediglich auf seiner Wetterfestigkeit. Es ist ein grobporiges Hartholz von brauner Farbe, trocknet sehr langsam und neigt dabei zur Rißbildung. Für kunstgewerbliche Arbeit ist es, da es sich so schlecht bearbeiten läßt, kaum geeignet.

Exotische Hölzer

Die importierten Tropenhölzer wie Abachi, Ramin oder Meranti, die in Mengen zu Parkbänken und Fenstern verarbeitet werden, sollen hier nicht behandelt werden. Die hier vorgestellten exotischen Hölzer sind die Edelsteine unter den Hölzern und kommen auch nur in kleinen Mengen in den Handel.

Birkenmaser, auch Schwedische Birke genannt, ist ein helles gelbliches Weichholz. Es gleicht im Aussehen unserer heimischen Birke und hat sogar den gleichen Geruch. Kleine braune Einschlüsse in einer wellig schillernden Grundstruktur geben dem Edelholz eine auffallend schöne Maserung. Die Stämme werden in der Polarregion nie stärker als 20 cm, und der Preis richtet sich nach dem Gewicht des Stammes.

Olivenholz ist das Holz des biblischen Ölbaums. Es ist ein auffallend dekoratives Holz, durchzogen von dunkelbraunen bis grünlichen flammig verlaufenden Maserstreifen auf hellgelbem Grund. Es ist hart, läßt sich aber leicht drehen und wird deshalb im Kunsthandwerk sehr geschätzt.

Mahagoni ist ein Sammelbegriff für verschiedene Hölzer. Unter den bald 50 Mahagonisorten sind die bekanntesten Handelsnamen Sipo, Sapelli und Makoré. Die Holzfarbe ist immer rötlich. Das Holz ist nicht sehr hart und doch fest. Man kann es sehr gut drehen. Die Herkunftsländer sind Zentral- und Westafrika.

Dies ist nur eine kleine Auswahl aus einer Palette von weit über hundert Edelhölzern, die im Holzhandel zu erhalten sind. Es gibt eine Vielzahl schöner und schönster Sorten, die mit ihrer Maserung und Farbe selbst einfache Drechslerarbeiten zu Kostbarkeiten werden lassen. Da wäre noch das gestreifte Zebrano aus Afrika, das Vogelaugenahorn aus den USA, der dunkle Nußbaum aus dem Kaukasus, Amaranth, das violette Veilchenholz aus Guayana oder das Rosenholz aus Bahia zu nennen. Aber auch Goldregen und Eibe aus deutschen Vorgärten sind sehr schöne Maserhölzer zum Drechseln.

Ebenholz wird in zwei Arten gehandelt. Das afrikanische Ebenholz ist fast schwarz, sehr hart, spröde und schwerer als Wasser. Die Stirnseiten der Stücke sind mit einer Wachsschicht geschützt, damit sich keine Risse bilden. Die in den Handel kommenden Stücke sind nicht groß, denn es wächst selten als Baum, meist aber als Strauchwerk. Herkunftsländer sind Kamerun, Nigeria und Madagaskar.
Makassa-Ebenholz ist etwas heller und mit dunkelbraunen, sich abhebenden Maserstreifen durchzogen. Herkunftsländer sind Celebes, Sri Lanka und Indien.

Palisander, in Unterarten auch Jakaranda genannt, ist ein sehr hartes, etwas sprödes, dunkelrotes Edelholz. Es wird wie alle wertvollen Hölzer, nach Gewicht verkauft. Herkunftsland ist nur das südliche Brasilien. Das noch edlere Rio-Palisander ist heute sehr selten geworden. Sein Besitz ist meldepflichtig und unterliegt den gleichen Schutzbestimmungen wie Elfenbein.

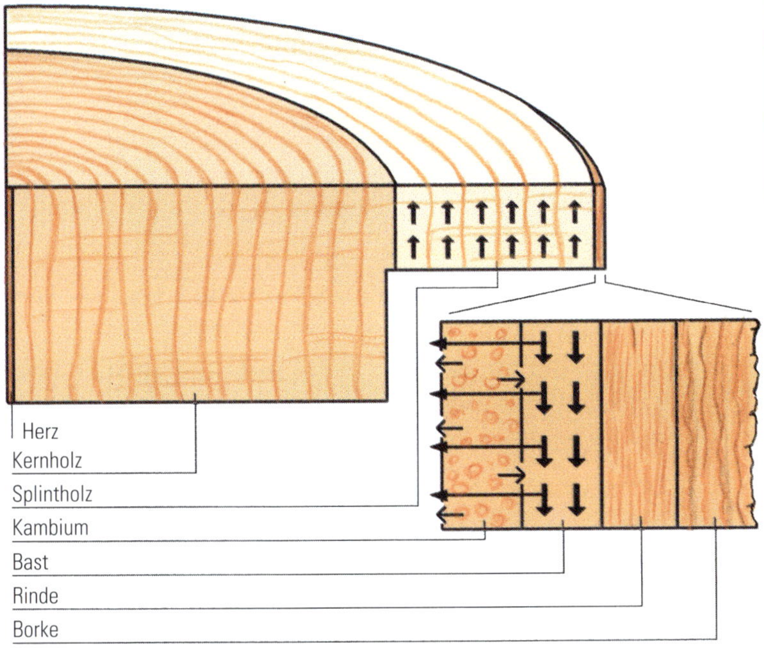

Wird ein Baum quer zum Stammverlauf aufgeschnitten, so erkennt man deutlich den Wachstumsablauf und den Aufbau des Holzes. Die erste Schicht ist die Rinde, dann kommt der Bast, die außen liegenden hellen Jahrringe nennt man Splint. Der größte Teil des Stammes in der Mitte ist das Kernholz. Die Jahresringe sind an der Schnittfläche gut sichtbar. Bei genauem Hinsehen kann man auch die Gefäße und die Markstrahlen erkennen. In der Mitte des Stammes ist die Markröhre, die für die Holzverarbeitung uninteressant ist.

Der Aufbau des Holzes

Ein Baum besteht, wie jeder andere Organismus auch, aus Zellen. Die pflanzlichen Zellen sind langgezogen und schlauchförmig. Im Gegensatz zu tierischen Zellen sind sie mit einer festen Zellwand umgeben. Mehrere Zellverbände bilden das Gewebe eines Holzstamms.
Das Dickenwachstum des Holzes entsteht in der Bastschicht zwischen Rinde und dem Splint, durch Zellteilung. Die jungen helleren Jahresringe bilden das weniger geschätzte Splintholz. Das meist dunklere Kernholz besteht aus abgestorbenen, verholzten Zellen und ist das eigentlich interessante Material für den Drechsler.

Man unterscheidet bei den verschiedenen Holzarten nach Splint-, Reif- und Kernholz. Bei einem Schnitt quer durch den Stamm zeigen Splintholzbäume eine einheitliche helle Färbung. Dies sind besonders Hainbuche, Birke, Linde und Ahorn.
Zu den Reifholzarten zählen Erle, Rotbuche, Birnbaum,Tanne und Fichte. Der dunklere Kern zeichnet sich hier ab.
Kernholzarten sind Eiche, Nußbaum, Esche, Kirsche und Pflaume. Ebenso zählen die Nadelhölzer Kiefer und Lärche dazu. Bei Eiche und Lärche ist das Splintholz unverwertbar, bei Nußbaum minderwertig.

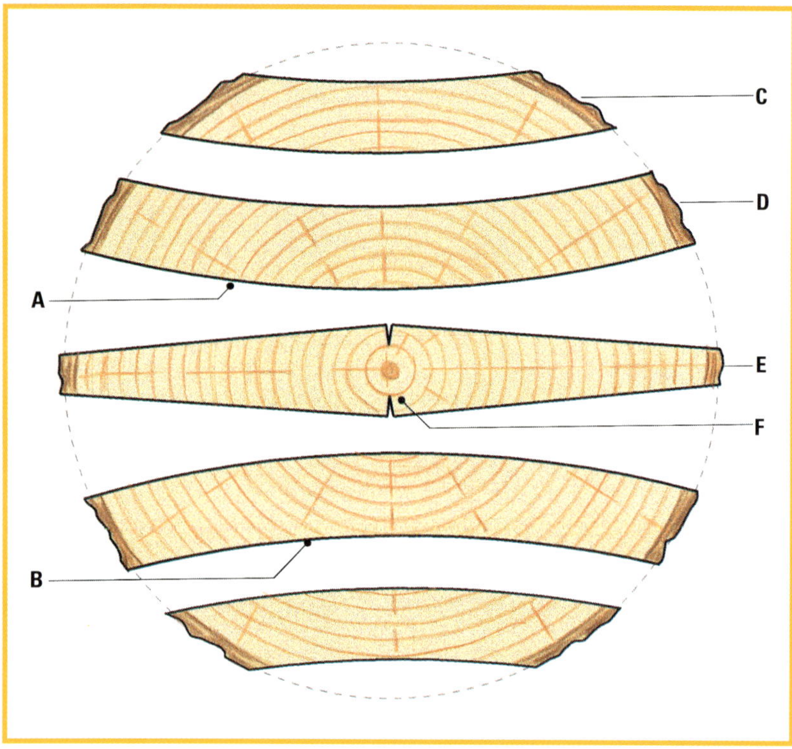

Beim Trocknen verzieht sich das Holz immer in der gleichen Weise. Geschnittene Bretter schrumpfen um etwa 10% und wölben sich. Das Mittelbrett wird an den Seiten hin zu den jungen Jahresringen dünner. Die Seitenbretter ziehen sich ebenfalls zusammen und wölben sich im Bereich der jungen Jahresringe, also an der linken Seite, hohl.

A Die rechte Seite eines Brettes ist die dem Kern zugewandte Seite.
B Die linke Seite ist die dem Kern abgewandte.
C Randbrett
D Seitenbrett
E Kern- oder Spiegelbrett
F Der Kern oder auch Markröhre genannt, ist nicht zu gebrauchen, er wird herausgeschnitten.

Verarbeitung von feuchtem Holz

Der Rohstoff Holz ist Natur pur. Ein Baumstamm ist sozusagen die Wasserleitung für abertausende Blätter. Lebt der Baum, ist er sehr feucht und seine Holzfasern sind aufgequollen. Ist der Stamm zu Brettern geschnitten, verdunstet das Wasser und das Holz verliert an Gewicht und Volumen, d. h. es schrumpft. Dabei werden die Bretter nicht nur schmaler, sondern sie verziehen sich teilweise auch sehr stark. Drehte man von nassem Holz beispielsweise einen Teller, würde sich dieser beim Trocknen oval verformen und seitlich hochwölben. Bei einem Hocker aus feuchtem Holz würden die Zapfen beim Trocknen schrumpfen, er würde wackeln und schließlich sogar auseinanderfallen.

Das Holz muß also trocken sein. Die Bezeichnung trocken ist allerdings ein relativer Begriff, denn so richtig trocken ist das Holz nie. Es ist so trocken, wie die umgebende Luftfeuchtigkeit. Holz ist hygroskopisch, gibt also Feuchtigkeit an die Luft ab, nimmt aber aus der Luft auch Feuchtigkeit wieder auf. Diese Eigenschaft behält das Holz immer und muß deshalb mit berücksichtigt werden.

Würde man aus feuchtem Holz eine Schale drehen, wie hier demonstriert, verzieht sie sich schon nach wenigen Tagen, wie ein Seitenbrett (C).

Bretter und Bohlen kann man, wie jeder Schreiner auch, im Holzhandel kaufen. Völlig trocken ist dieses Holz natürlich nicht. Stellen Sie es deshalb zuerst einige Zeit in eine Ecke Ihrer Werkstatt. Es nimmt bald das Raumklima an und man kann das Holz dann weiterverarbeiten.
Holz muß langsam trocknen. Trocknet es zu schnell, entstehen Risse. Deshalb sollte das Holz nicht direkter Sonneneinstrahlung ausgesetzt sein und keine Zugluft bekommen. Auch das Trocknen in einem Heizungsraum ist nicht günstig. Je nach Anfangsfeuchtigkeit des Holzes und der Luftfeuchtigkeit Ihres Raums genügen vielleicht schon 2 – 3 Wochen, bis es ausreichend getrocknet ist. Je länger das Holz allerdings lagert, desto besser trocknet es natürlich.
Zentralgeheizte Räume haben immer eine geringere Luftfeuchtigkeit als unbeheizte Räume. Deshalb darf das Holz bevor es verarbeitet wird, nicht mehr als 10 % Feuchtigkeit haben, wenn die fertigen Drechslerarbeiten dann in beheizte Wohnräume kommen. Bei Arbeiten für den Außenbereich, z. B. Balkongeländer, genügt ein Feuchtigkeitsgehalt von 15 %.
Die Holzfeuchte ist auch ohne teure Meßgeräte leicht zu ermitteln. Mit einer Briefwaage stellt man das Gewicht einer Holzprobe fest. Man erhält das *Naßgewicht.*
Dann trocknet man diese Probe im Mikrowellenherd und wiegt die Probe erneut. Der Versuch wird sooft wiederholt, bis sich das Gewicht nach dem Trocknen nicht mehr ändert. So erhält man das *Darrgewicht.*

Ein Beispiel:

nasse Holzprobe	200 g (Naßgewicht)
minus	
getrockneter Holzprobe	180 g (Darrgewicht)
	20 g Wassergehalt
Wassergehalt x 100	= 2000
geteilt durch	
das Darrgewicht 180	= 11 % Holzfeuchte.

In diesem Fall kann das Holz schon verarbeitet werden.
Wenn Sie den Trockenversuch durchführen, so legen Sie die Probe nicht als ganzes Stück in die Mikrowelle. Schneiden Sie das Probeholz in mehrere 4 – 5 mm starke Stücke. Dadurch reduziert sich die Trockenzeit um ein Vielfaches.

Faserverlauf

Mehr als jeder andere Holzhandwerker muß der Drechsler auf den Faserverlauf achten. Holz wird, ob mit der Hand oder maschinell bearbeitet, stets geschnitten. Und so sind alle Werkzeuge der Holzbearbeitung genaugenommen nur scharfe Messer, mit denen aber immer mit dem Faserverlauf gearbeitet werden muß, denn nur so erhält man eine saubere Oberfläche. Ein Beispiel macht dies deutlich: Stellen Sie sich vor, Sie spitzen mit dem Messer einen Bleistift an. Ohne nachzu-

Ob die Form rundgewölbt oder hohl ist, das Werkzeug wird immer *bergab* geführt. Nur so kann die Faser schälend geschnitten werden.

Auch beim Drehen mit dem Meißel wird das Werkstück schälend zum schmaleren Durchmesser hin bearbeitet. Denken Sie auch hier wieder an das Beispiel mit dem Anspitzen eines Bleistifts.

Beim Querholzdrehen gilt die gleiche Regel.

denken machen Sie es richtig. Sie schneiden immer schräg mit der Faser zur Mine hin. Versuchen Sie es einmal in entgegengesetzter Richtung. Es funktioniert nicht.

Wenn Sie aber an der Drehbank stehen und sich nicht sicher über den Faserverlauf sind, denken Sie nur an dieses einfache Beispiel mit dem Bleistift. Achten Sie auf den Faserverlauf und Sie können die schwierigsten Formen richtig drechseln.

Auch beim Drehen eines Tellers, wenn die Faserrichtung durch die Rotation der Maschine viele tausendmal wechselt, können Sie das Holz stets mit der Faser schneiden.

Der Drechsler unterscheidet bei der angewendeten Arbeitstechnik in Langholz und Querholz.

Langholzdrehen ist die gebräuchlichste Art des Drechselns. Hierbei wird das Holz zwischen Spindelstock und Reitstock eingespannt. Auf diese Weise dreht man Stäbe, Säulen oder Beine für Stühle und Tische. Die Holzfaser läuft in Längsrichtung des Holzes, also parallel zum Drehbankbett. Auch das Drehen im Spundfutter, das bei den Serviettenringen angewendet wird, ist Langholzdrehen.

Die andere Methode ist das Querholzdrehen. Diese Technik verwendet man beim Drehen von Schalen, Tellern, Dosen oder Scheiben. Die Holzfaser des Werkstücks liegt quer, also im rechten Winkel zum Drehbankbett. Die hierfür nötigen Futter sind das Schraubenfutter und das Spreizzangenfutter.

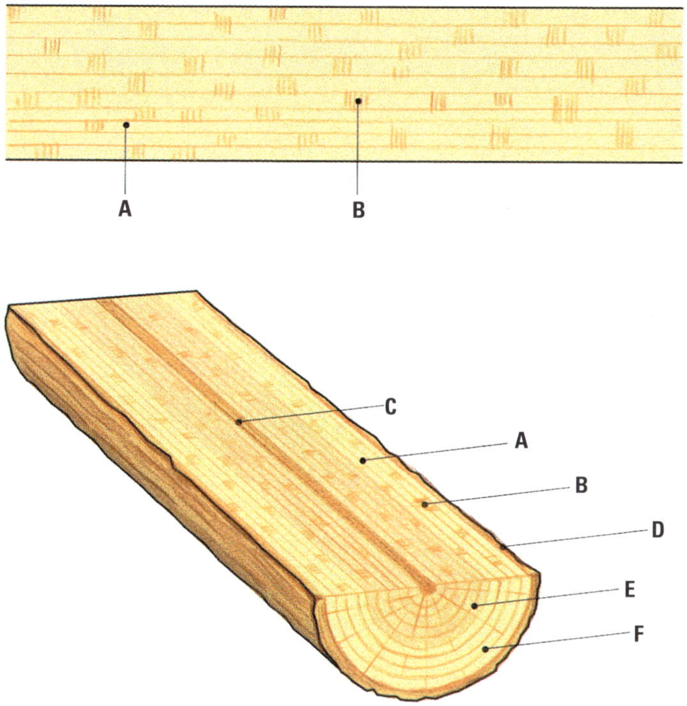

Der Maserverlauf als Gestaltungsmittel

Jeder Holzstamm wird im Sägewerk zu Brettern oder Bohlen, also in diesem Fall zu *Schnittholz* verarbeitet. Bretter sind in der Regel bis 35 mm stark, Bohlen haben eine Dicke von 35 bis 80 mm. Deshalb gibt es Bretter, die von der Seite eines Stammes und Bretter, die aus der Stammitte geschnitten wurden.
Die *Seitenbretter* haben demzufolge ein ganz anderes Maserbild als jene aus der Stammitte geschnittenen *Kern- oder Spiegelbretter.*
Aber nicht nur die Jahresringe beeinflussen das Maserbild, sondern auch die Markstrahlen. Bei einem Schnitt in Längsrichtung durch die

Ansicht eines Brettes bei einem Schnitt in Längsrichtung durch die Mitte des Stamms (Radialschnitt). Die gut sichtbaren Markstrahlen treten als spiegelig glänzende Flächen hervor. Daher auch die Bezeichnung Spiegelbrett.

A Die Jahresringe
B Die Markstrahlen bzw. der Spiegel
C Der Kern oder die Markröhre
D Die Rinde
E Meist dunkleres Kernholz
F Helleres Splintholz

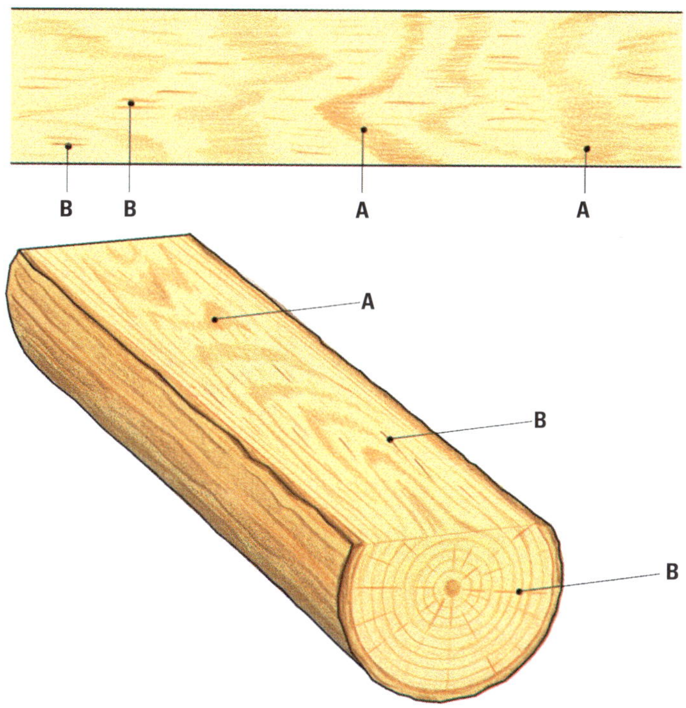

Ansicht eines Brettes bei einem Schnitt ober- oder unterhalb der Mitte des Stamms (Tangentialschnitt). Es wird Seitenbrett genannt.

A Jahresringe
B Markstrahlen

Stammitte sieht man die Markstrahlen. Sie treten in voller Breite als *Spiegel* hervor und sind als glänzende Flächen erkennbar.
Bei den Seitenbrettern sind die Jahresringe flach und weit auseinandergezogen, wogegen der Spiegel kaum sichtbar ist. Bei den Mittelbrettern dagegen liegen die Jahresringe dicht aneinander und die Markstrahlen beleben das Maserbild auffällig.
Bei Holzarten wie Birke, Linde und Ahorn sind die Markstrahlen kaum sichtbar, dagegen sind sie bei Eiche, Buche und Platane gut zu sehen.
Die optische Wirkung des Zusammenspiels von Jahresringen und Markstrahlen kommt zwar nur beim Querholzdrehen zur Geltung, ist hier allerdings ein sehr wesentliches Mittel für die Gestaltung von Drechselarbeiten.

Zuschneiden von kleinen Kanteln auf einer Kreissäge. Der Abdeckschutz über dem Sägeblatt wurde zur besseren Sichtbarkeit abgenommen. Er sollte aber bei der Arbeit an der Kreissäge auf jeden Fall angebracht sein. Benutzen Sie zur Arbeit an der Säge immer ein Schiebeholz, wie es in der rechten Hand sichtbar ist.

Holzzuschnitt

Der Zuschnitt oder, wie man auch mancherorts sagt, das Zurichten des Holzes ist wichtig zur Vorbereitung der Arbeit am jeweiligen Werkstück, denn bevor irgendein Objekt gedreht werden kann, und sei es nur ein Griff, muß man das Holz in passender Größe zugeschnitten haben.
Das Zuschneiden soll hier nur am Rande erklärt werden, denn wer sich mit dem Drechseln befaßt, hat meist in der Holzbearbeitung schon einige Erfahrung und ist in seiner Werkstatt gut genug ausgerüstet, um das nötige Holz zuschneiden zu können.

Zum Zuschneiden verwendet man meist eine Kreissäge. Sie sollte eine Schnitthöhe von mindestens 5 cm haben, und je einen Anschlag für Längs- und Querschnitte besitzen. Verwenden Sie nur hartmetallbestückte Sägeblätter, da Sie sich so das mühsame Schärfen und Schränken des Sägeblattes ersparen. Solch ein Sägeblatt hält über Jahre seine Schneidenschärfe, sofern kein Sand am Holz haftet oder durch Nägel geschnitten wird.

Natürlich ist für den Drechsler eine Bandsäge ideal. Das zu schneidende Holz kann viel dicker als bei einer Kreissäge sein. Man kann auf einer Bandsäge auch gerade Schnitte ausführen. Vergessen Sie auch hier das Schiebeholz nicht.

Das Schneiden von Bögen oder wie hier, das Ausschneiden eines Tellers erledigt man besser mit einer Bandsäge.

Die Kanteln, d. h. die zugeschnittenen aber noch unbearbeiteten Holzstücke, für das Langholzdrehen sollen immer 5 mm stärker sein als das fertige Werkstück. Das rohe Holzstück sollte auch ungefähr einen Zentimeter länger sein, um den Mitnehmerrest, den *Nabel,* am fertigen Stück abschneiden zu können. Runde Zuschnitte für Teller, Schalen oder Scheiben, also Hölzer für das Querholzdrehen, *reißt* man mit dem Zirkel auf der Bohle oder dem Brett an. Das Stück wird anschließend von dem Brett *abgelängt,* d. h. abgeschnitten. Eine Handkreissäge ist für diese Schnitte sehr praktisch. Anschließend kann man auf der *normalen* Kreissäge die Ecken des viereckigen Stückes abschneiden und kommt so mit acht Ecken dem Kreis schon näher. In der Regel reicht dieser Zuschnitt aus, der Rest der Form läßt sich auf der Drehbank zurichten. Für stärkere Hölzer, etwa für tiefe Schalen, reicht die Schnitthöhe der Kreissäge nicht aus. Hier arbeitet man besser auf einer Bandsäge. Mit der Bandsäge kann man nach dem *Zirkelriß* auch gleich die Rundungen herausschneiden. Lassen Sie sich am besten von einem Schreiner in Ihrer Nachbarschaft solche Stücke auf der Bandsäge zuschneiden, falls Sie keine eigene Maschine in Ihrer Werkstatt haben. Wenn Sie dort gleich mehrere Stücke zuschneiden lassen, so legen Sie die vorrätigen Scheiben unter die Drehbank und bedecken sie mit Spänen. So verhindern Sie die Rißbildung an den *Stirnseiten* der noch unbearbeiteten Vorratsstücke, da das Holz, solange es noch stärker ist, reißen kann. Stärkere Holzstücke trocknen viel langsamer als dünnere und neigen deshalb zur Rißbildung. Dünne Brettstücke reißen nicht mehr so leicht. Ebenso gering ist die Rißgefahr, wenn das Holz durch die Bearbeitung weniger Volumen bekommen hat.

Entwurfstechniken

An vielen Fachhochschulen gibt es Studiengänge eigens für die Formgebung. Für unser Hobby genügen jedoch elementare Grundkenntnisse, einige Vorlagen zur Inspiration sowie einiges an Fachwissen, um kreativ arbeiten zu können.

Die Grundformen Zylinder und Kegel bzw. Konus sind sicher noch allen aus der Schulzeit bekannt. Als weitere geradlinige Form ist noch die Platte für unsere Zwecke wichtig.

Als *Platte* bezeichnet man kleine parallel zur Achse liegende Absätze des Werkstücks, um ein Profil zu unterbrechen.

Einen spitzwinkligen Einschnitt bezeichnet man als *Kerbe,* und die Umkehrung ist der *Spitzstab.*

Als *Kehle* wird eine eingedrehte Rundung bezeichnet, ihre Umkehrung ist der *Stab.*

Eine Kombination aus Kehle und Stab ist ein *Karnis.* Dieser kann langgezogen oder auch gedrungen sein.

Durch geschicktes Kombinieren dieser wenigen Grundformen kann man unendlich viele Formen aufbauen, und der Phantasie sind bei der Formgebung im Entwurf kaum Grenzen gesetzt. Man kann die Stäbe strecken, die Kehlen einseitig auslaufen lassen oder sie spitz oder auch stumpf formen. Man kann den Durchmesser ändern, das Profil wiederholen oder im Spiegelbild zusammensetzen. So bieten sich zahllose Möglichkeiten der Formfindung.

Zu einer gelungenen, ausgewogenen Arbeit gehört auch eine flüssige Formgebung. Haben Sie ein Werkstück fertig gedreht, lassen Sie es noch eingespannt in der Drehbank. Treten Sie etwas zurück, und betrachten Sie sich Ihre Arbeit aus einiger Entfernung. Auf diese Weise können Sie Unebenheiten oder Unregelmäßigkeiten besser erkennen. Fahren Sie bei stehender Maschine auch mit der Hand über das Werkstück. Auch so können Sie Ungleichmäßigkeiten feststellen. Man fühlt tatsächlich mehr, als man sieht.

Die Profilbezeichnungen des nebenstehenden Kerzenleuchters sind:

1 Viertelstab
2 Platte
3 Stab
4 Kehle
5 Karnis, langgezogen
6 Karnis, gedrungen
7 Kerbe

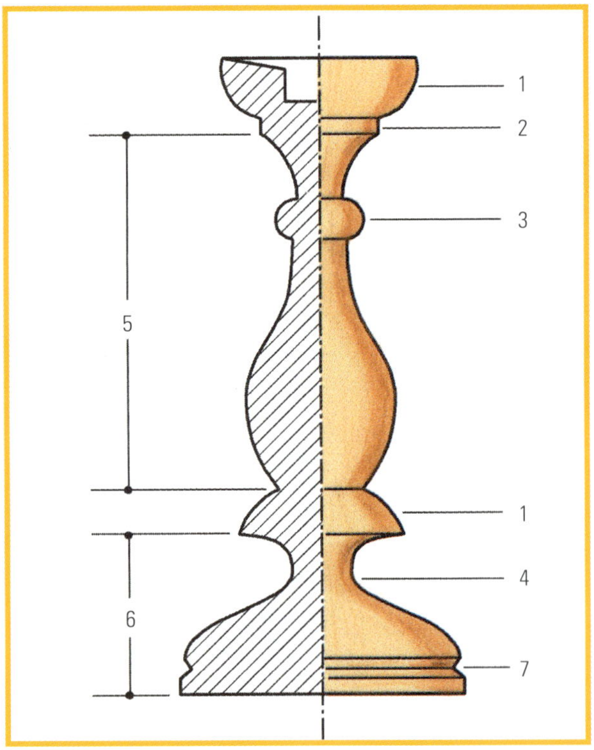

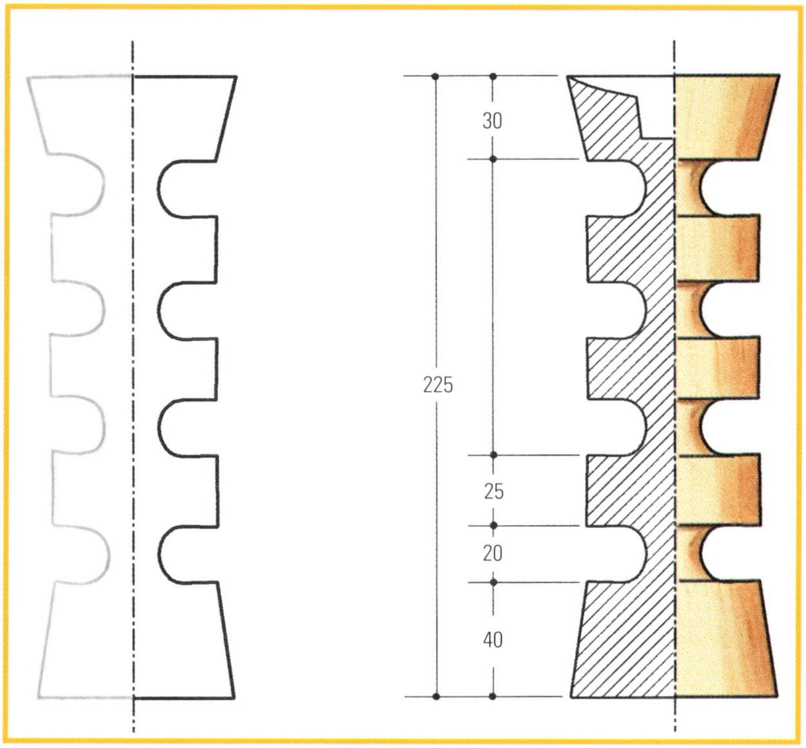

Die Werkzeichnung des Drechslers

Eine gedrechselte Form sollte ausgewogen sein und ein angenehmes Aussehen haben.
Dies ist fast unmöglich zu erreichen, wenn man ohne Entwurf zu drechseln beginnt. Bei dieser Vorgehensweise erhält man häufig eine Form, die überhaupt nicht mehr den eigenen Vorstellungen entspricht und meist nur noch für den Abfall taugt. Viel einfacher ist es, wenn man die Form erst auf dem Papier *baut,* bzw. entwirft. Hier hat man die Möglichkeit nach Belieben zu ändern und zu variieren. Es ist also nahezu unerläßlich eine Entwurfszeichnung zu machen, besonders auch dann, wenn man kreativ arbeiten will und nicht nur fremde Formen kopieren möchte. Im Gegensatz zu einer Skizze macht man eine exakte Werkzeichnung mit Hilfe eines Lineals. Sie hat immer eine Mittellinie, die als Strich-Punkt-Strich-Linie kenntlich gemacht ist. Alle unsichtbaren Linien sind gestrichelt. Die eine Hälfte der Zeichnung ist im Querschnitt mit schräger Strichelung und Maßangaben ausgeführt. Die andere Hälfte der Zeichnung wird zur Darstellung der Licht- und Schatteneffekte schraffiert, so daß sich auch der Laie ein Bild von dem fertigen Objekt machen kann. Da unsere hier vorgestellten Werkstücke viele Rundungen haben, ist die rechte Seite auf die linke Seite im Spiegelbild schwer zu übertragen. Ein kleiner Trick hilft. Ziehen Sie die äußeren Konturen der einen Seite mit einem weichen Bleistift kräftig nach, falten Sie das Papier genau an der Mittellinie und reiben Sie von der Rückseite die Zeichnung einfach durch. Die durchgepausten Konturen müssen dann nur noch etwas nachgezogen werden.

Das Schärfen der Werkzeuge

Geschliffen werden die Drehstähle an einem normalen Schleifbock, wie man ihn in jedem Heimwerkermarkt kaufen kann. Die Röhre wird freihändig bei leichter Drehung in einem Winkel von ca. 25 – 30 Grad an die rotierende Schleifscheibe gehalten. Stellen Sie sich vorher ein Gefäß mit Wasser neben den Schleifbock und tauchen Sie das Werkzeug zwischendurch immer wieder in das Wasser ein, so daß es nicht heiß wird. Läuft durch die Reibungswärme die Schneide des Werkzeugs blau an, hat die *Standfestigkeit* der Schneide bereits gelitten.

Alle Werkzeuge der Holzbearbeitung, mögen es Hobelmesser oder Fräser sein, insbesondere aber die beim Drechseln verwendeten Drehstähle, müssen eine scharfe Schneide haben. Nur so kann man sauber arbeiten.
Das Schärfen erfolgt immer in zwei Arbeitsgängen, dem Schleifen und dem anschließenden Abziehen.
Der Winkel des Anschliffs hat bei allen drei Drehröhren die gleiche Schräge von 25 bis 30 Grad. Einfacher gesagt: Wenn die Materialstärke der Röhre oder des Meißels beispielsweise 5 mm beträgt, so sollte die Schleiffase 12 mm lang sein.
Wurde der Schnittwinkel zu *stumpf* angeschliffen, hat das Werkzeug eine schlechte Schälwirkung. Das Werkstück wird nicht sauber und die Arbeit ist erheblich schwieriger.
Ist der Schnittwinkel zu *schlank* geschliffen, bricht die nun zu dünn gewordene Schneide leicht aus.

1 *Schrubbröhre* in der Draufsicht. Die Schneide hat eine flachere Rundung als die beiden anderen Röhren.
2 Mittlere Röhre in Seitenansicht. Man sieht gut den Anschliffwinkel. Die Schneide hat eine steilere Rundung als die Schrubbröhre.
3 Die kleine Röhre von unten gesehen. Die Schneidkante hat eine noch engere Rundung, ist also mehr spitz gehalten.

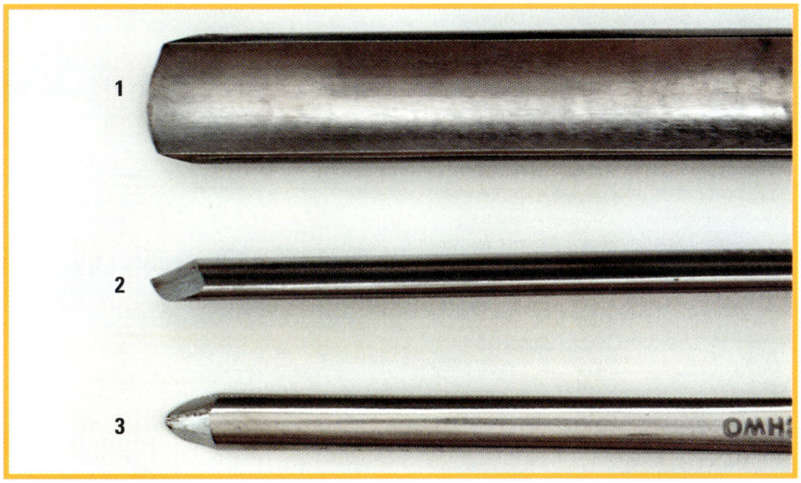

1 und 2
Schmaler und breiter Meißel
3 Meißel in Seitenansicht

Die Meißel werden ebenso geschliffen wie die Röhren. Anstelle der Drehbewegung wird aber hier mit leichten seitlichen Bewegungen hin und her geschliffen. Die *Fase* ist beidseitig angeschliffen, wie man es bei Meißel Nr. 3 gut erkennen kann, und hat einen Winkel von etwa 10 Grad.
Auch die Meißel werden freihändig geschliffen. Die Schleifscheibe läuft in ihrer Drehrichtung gegen das Werkzeug. Schleifen Sie nie seitlich an der Scheibe. Es ist zwar bequemer, aber gefährlich. Die keramischen Scheiben sind nur an ihrer Stirnseite stabil.

Hinweis: Tragen Sie beim Schleifen immer eine Schutzbrille. Die entstehenden Funken sind kleine glühende Stahlpartikel, die sich in die Hornhaut des Auges einbrennen und zu schweren Verletzungen führen können.

ANSCHLIFF DER RÖHREN

Beim Anschliff der Röhren erhalten die breiten Röhren einen runden Anschliff. Schmalere Röhren werden hingegen spitzer geschliffen.

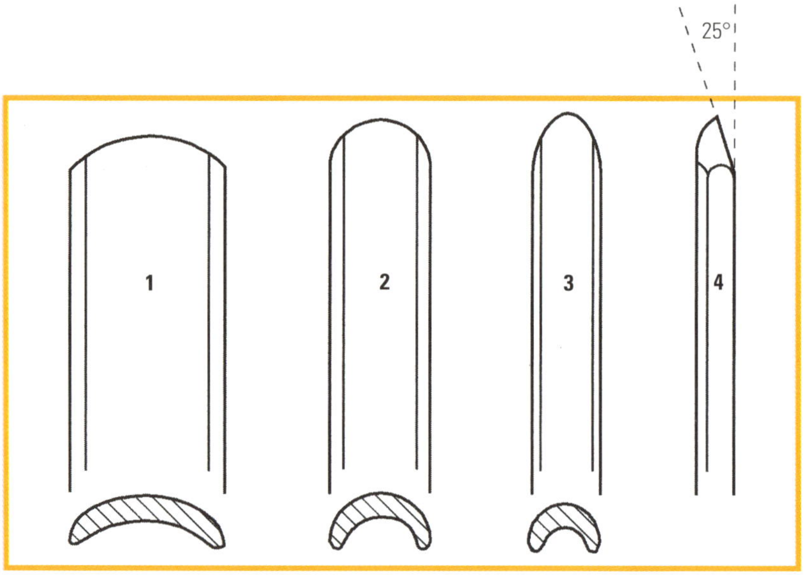

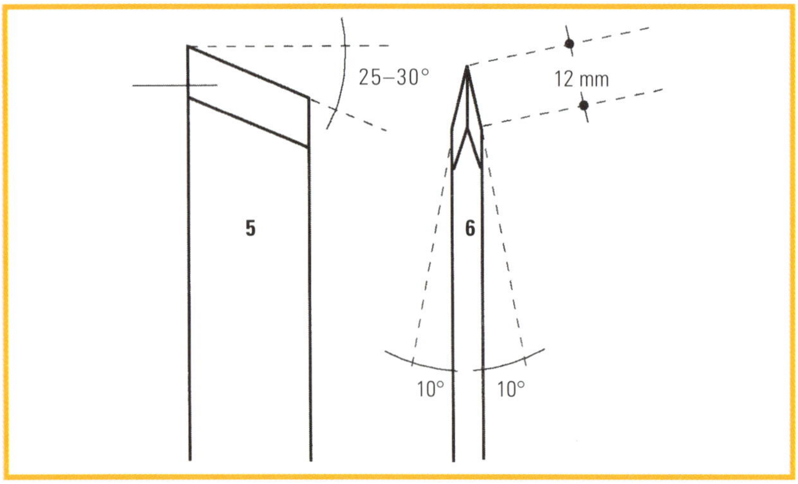

ANSCHLIFF DER MEISSEL

Beide Meißel erhalten den gleichen Anschliff.

Abziehen der Werkzeuge

Beim Schleifen bildet sich an der Schneide ein *Grat*. Man kann ihn mit dem Finger fühlen. Der Grat wird durch das Abziehen entfernt.
Der Querschnitt beider Steine ist tropfenförmig. Beide Steine sollten die Abmessungen 120 x 45 x 10 x 2 mm haben. Die Händler nennen diese Steine Abziehsteine für Hohlmeißel.

Sie benötigen dazu zwei verschiedene Abziehsteine.

1. **Feiner, sogenannter *Arkansas*-Stein. Es ist ein Naturstein in milchiger Farbe, der fast durchscheinend aussieht.**
2. **Gröberer, meist synthetischer Stein in mittelfeiner Körnung.**

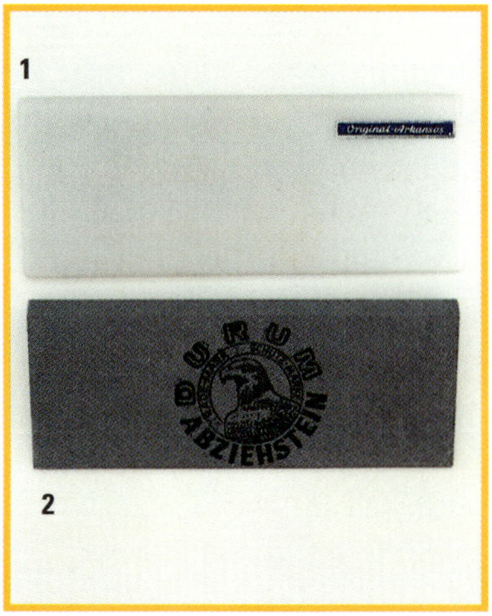

Zuerst wird die Röhre von innen abgezogen, um den sich vom Schleifen gebildeten Grat zu entfernen. Der Stein wird in der hohlen Seite der Röhre längs auf und ab bewegt. Der Grat wird hier abgeschliffen, bildet sich aber wesentlich kleiner wieder an der Außenseite.

Anschließend wird die Röhre von außen abgezogen. Beide Abziehvorgänge müssen drei- bis viermal im Wechsel durchgeführt werden, bis man keinen Grat mehr fühlt. Man fühlt nicht oben an der Schneide, sondern in Längsrichtung, ein Stück der Hohlung entlang zur Schneide hin.

Abgezogen wird immer mit Öl. Am besten eignet sich Petroleum. Es ist dünnflüssig und hält somit die Poren der Steine stets sauber. Bewahren Sie die Steine immer in Petroleum liegend auf. Legen Sie sie in eine Blechdose mit verschließbarem Dekkel, denn Petroleum verflüchtigt sich leicht.

Das Abziehen der Werkzeuge ist auf den4 Abbildungen gut zu erkennen. Die Röhre wird mit der linken Hand still gehalten, während die rechte Hand den Stein hin und her bewegt. Zuerst verwendet man den gröberen, meist graufarbigen Kunststein. Danach, um eine feine Schneide zu bekommen, den hellen Arkansasstein.

Zum Abziehen der Meißel verwendet man die gleichen Steine, benutzt aber nur die Flache Seite des Steins.

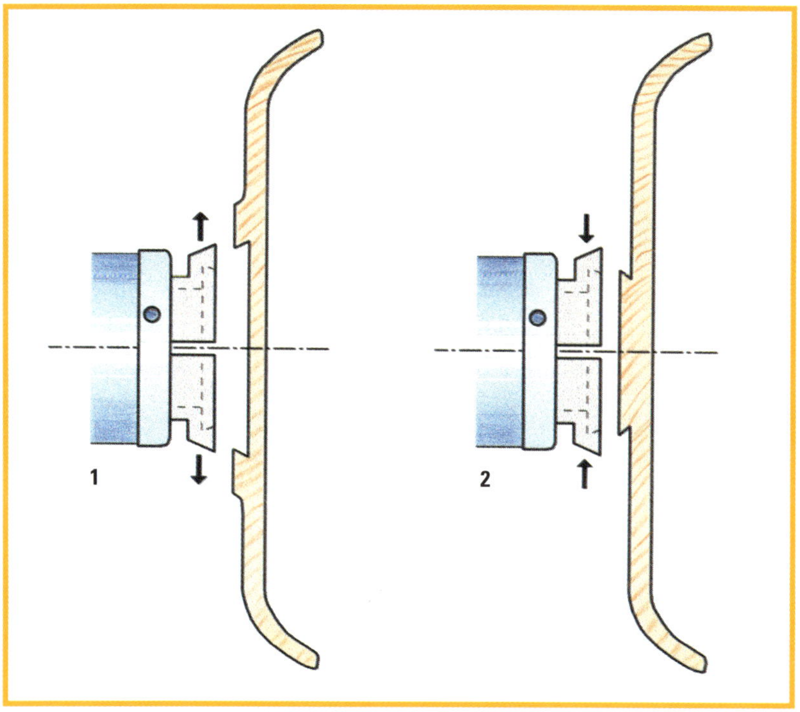

Holzteller mit Spannrand im Querschnitt

1 zum Spreizen
2 zum Klemmen

Für das Lang- und das Querholzdrehen werden unterschiedliche Spannwerkzeuge, auch Futter genannt, verwendet.
Beim Langholzdrehen wird, wie schon erwähnt, das Holz in Faserrichtung paralell zum Drehbankbett eingespannt, etwa für Treppenstäbe oder die beiden in diesem Buch beschriebenen Leuchter. Auch die Serviettenringe und die kleinen Kugeln an unserem Modeschmuckständer werden so hergestellt.
Das Querholzdrehen ist das Arbeitsverfahren, bei dem die Holzfaser quer zum Drehbankbett steht, wie etwa bei einem Holzteller, einer Schale oder dem Sockel unseres Modeschmuckständers.

1. Alle *Kanteln,* so nennt man die viereckigen Hölzer, werden zwischen Mitnehmer links und Körnerspitze rechts eingespannt. Die Mitnehmer gibt es in verschiedenen Größen.

2. Der zuvor *ausgeschrubbten* Kantel wurde links ein Konus angedreht. Das abgebildete Spundfutter besitzt eine konische Öffnung, um das konische Holzstück dort einschlagen zu können. Dieses Futter wird gebraucht um Kleinteile zu drehen, an deren Stirnseiten keine Abdrücke vom Mitnehmer oder Körner sichtbar sein sollen. Es gibt das Futter in drei verschiedenen Größen.

Zum Langholzdrehen verwendet man den Mehrzackmitnehmer, der im Innenkonus des Spindelstocks sitzt. Die mitlaufende Körnerspitze in der Reitstockpinole dient zum Erzeugen und Einstellen des Gegendrucks. Das Spundfutter wird nur zum Langholzdrehen verwendet. Man kann mit diesem Futter ohne den Gegendruck des Körners arbeiten. Das Schraubenfutter ist das meist gebrauchte Spannwerkzeug zum Querholzdrehen. Man dreht damit Scheiben, Rosetten und Ringe, aber auch die Rückseiten der Teller und Schalen.

3. Das Schraubenfutter ist einfach und praktisch zu verwenden. Man bohrt lediglich ein Loch in die Querholzscheibe und schraubt das Werkstück auf.

4. Das moderne Spreizzangenfutter ist ein ideal zu verwendendes Spannsystem. Die umlaufenden Löcher am hinteren Futterkörper können als Teilscheibe oder eine Art Skala verwendet werden, um auf dem Holzstück genaue Markierungen, etwa für Bohrungen, anzubringen. Es sind 24 Positionen oder 15 Grad eines Kreises. Man nennt diese Lochteilung *Teilscheibe* bzw. *Teilring*.

Das Spannzangenfutter ist ein neues Spannsystem für die Querholzbearbeitung. Es hat im Gegensatz zum Dreibackenfutter keine vorstehenden Backen, deren Rotationskreis nahe dem Handbereich liegt. Der Halt der Werkstücke ist durch den schrägen Spannrand sehr sicher.
Sollte das Teil nicht ganz *rund laufen*, lösen Sie die Überwurfmutter des Futters leicht und bewegen das Holz und die Backen etwas und ziehen die Überwurfmutter wieder an.

5. Das Spreizzangenfutter kann mit seinen Backen sowohl klemmen als auch spreizen. Die zuvor auf einem Schraubenfutter gedrehte Rückseite eines Tellers hat den Spannrand für das Futter eingedreht bekommen.

Ein Kerzenleuchter

Ein gutes Objekt für den nicht so geübten Drechsler ist der Leuchter. Die Drechselarbeit selbst ist nicht problematisch, doch sind einige Arbeitsschritte vorher zu planen. Bei dem nächsten Leuchter können Sie dann schon Ihr Formgefühl sprechen lassen. Sie können die Länge ändern, den Sockel kantig lassen oder mehrere Leuchter zu einer Gruppe zusammenstellen. Als Material für die Leuchter wurde hier Kambala verwendet. Es ist ein leicht ölhaltiges Importholz ähnlich des Teak, nur wesentlich billiger. Die Kanteln haben die Abmessungen 45 x 45 mm und eine Länge entsprechend der Leuchterhöhe plus dem einen Zentimeter Mitnehmerrest an jeder Seite des Stücks.

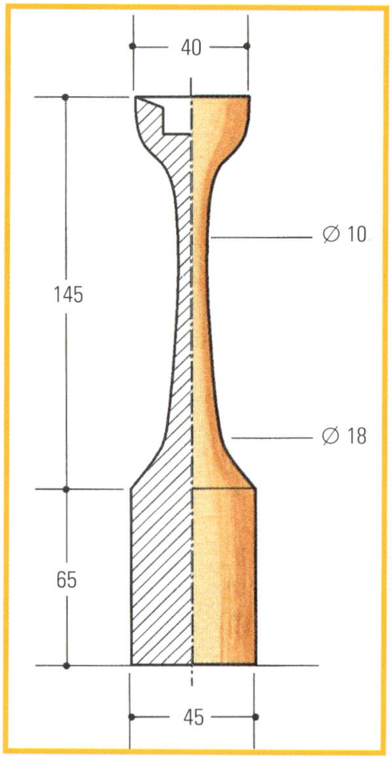

Fertigen Sie sich zuerst eine Werkzeichnung des geplanten Leuchters, wie zuvor beschrieben, an. Den aufgezeichneten Leuchter sollten Sie zunächst möglichst mit den angegebenen Maßen drehen.

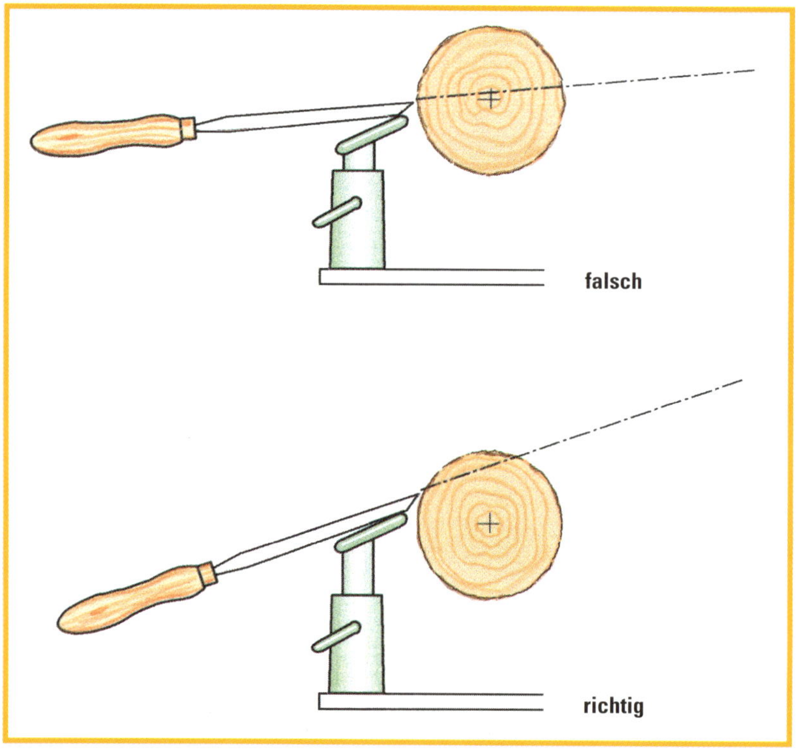

Falscher Schnittwinkel:
Das Werkzeug greift radial. Der Span wird nur abgekratzt, die Schnittfläche bekommt tiefe Risse.

Richtiger Schnittwinkel:
Das Werkzeug greift tangential. Der Span wird abgeschält und hinterläßt eine saubere Schnittfläche.

1. Zunächst wird in die Stirnseite der Kantel ein für die Kerze passendes Loch von 20 mm gebohrt. Das Bohrfutter mit dem Bohrer steckt man dazu in den Konus des Spindelstockes. Die Kantel wird mit der Hand gehalten, und mit dem Handrad des Reitstockes dreht man die Pinole bis zur gewünschten Bohrtiefe vor. – n = 600.

2. Die Kantel wird nun zwischen den Mitnehmer und die Körnerspitze gespannt, wobei die Körnerspitze in die Bohrung kommt. Auf diese Weise ist jede Bohrung bei allen Drehteilen immer in der Mitte. Nun wird das Holz *ausgeschrubbt*. Als ausschrubben bezeichnet man den ersten Arbeitsgang beim Drehen. Hier wird das noch vierkantige Holz rund gedreht. Man nimmt dazu die große breite Röhre, die auch Schrubbröhre genannt wird. Beim Ausschrubben heben Sie den kleinen Finger und den Ringfinger etwas an, so daß Sie die umherfliegenden Späne nicht so stark abbekommen. – n = 2000.

3. Mit Hilfe von Zollstock und Bleistift wird bei laufender Maschine der Sockel angezeichnet.

4. Zum Ausdrehen des Halses verwendet man die mittlere Röhre. Achten Sie darauf, daß grundsätzlich und immer das Werkzeug nach unten geführt wird. Drehen Sie stets von den stärkeren Profilteilen zu den dünneren hin. Denken Sie an das anfangs genannte Beispiel des Bleistiftspitzens.

5. Wenn das Drehteil dünner wird, biegt es sich bei laufender Maschine durch. Halten Sie es deshalb zur Unterstützung von hinten mit der linken Hand. Mit dem Daumen unterstützen Sie die Führung des Werkzeugs.

6. Zur Überprüfung der zeichnungsgerechten Abmessungen mißt man bei stehender Maschine die Stärke des Werkstücks.

7. Die Tülle für die Kerze dreht man mit dem schmalen Meißel etwas hohl, indem man mit der Meißelspitze leicht schräg einsticht, um eine kleine Aushölung für das tropfende Wachs zu formen. Berühren Sie dabei mit der Meißelspitze aber nicht den Körner. Der Meißel wird sonst stumpf und die Körnerspitze dabei beschädigt.

8. Beim letzten Arbeitsgang, dem Schleifen, wird der nun fertige Kerzenleuchter zunächst mit einem Schleifpapier, Körnung 120, und dann mit einem Schleifpapier, Körnung 180, nachgeschliffen.

9. Bei dem Leuchter mit einem Vierkantsockel werden die Seiten des Sockels mit der Schleifscheibe auf dem Schleiftisch nachgeschliffen, so daß der Sägeschnitt oder die Hobelschläge verschwinden. Vergessen Sie nicht, auch noch die Kanten mit der Schleifscheibe leicht zu brechen. Die Schleifscheibe ist mit 120er Papier beklebt. – n = 1000.

Nürnberger

Schon beim Einstechen mit dem Meißel, um etwa eine Kerbe zu drehen, kann man das erstemal Bekanntschaft mit dem *Nürnberger* machen.

Als *Nürnberger* bezeichnen alle Drechsler einen unangenehmen Ausrutscher, der dann spiralartig, meist über die fast fertige Arbeit verläuft und diese dann verdirbt.
Eine Kerbe dreht man mit der aufrecht stehenden Meißelspitze. Kommt aber die Meißelschneide seitlich an die Wand der Kerbe, so nimmt der Meißel mit unhaltbarer Kraft seinen eigenen nicht geplanten Weg. Achten Sie deshalb darauf, daß zwischen der Meißelschneide und dem schon gedrehten Profil immer mindestens ein halber Millimeter Platz bleibt. Sobald die Schneide beim Ansetzen an das Werkstück ungewollt seitlich verzieht, kann man den Fehler nicht mehr korrigieren.

Auch mit der Röhre kann man ebenso abrutschen, wenn man sich zuvor keine Stützkerbe gedreht hat. Um eine Hohlkehle drehen zu können, muß man die Schleiffase der Röhre seitlich an die Stützkerbe anlehnen können, z. B. für den Kirschbaumkerzenleuchter in unserem Kapitel zur Werkzeichnung.
Für jede Kehle braucht man zwei Stützkerben, eine rechts und eine links der Kehle. Mit leichter Drehung der Röhre führt man sie zur Mitte der Kehle – aber wirklich nur bis zur Mitte. Dann folgt der gleiche Vorgang von der anderen Seite ebenfalls bis zur tiefsten Stelle der Kehle. Das geschieht mehrmals, bis die Kehle die gewünschte Tiefe hat.

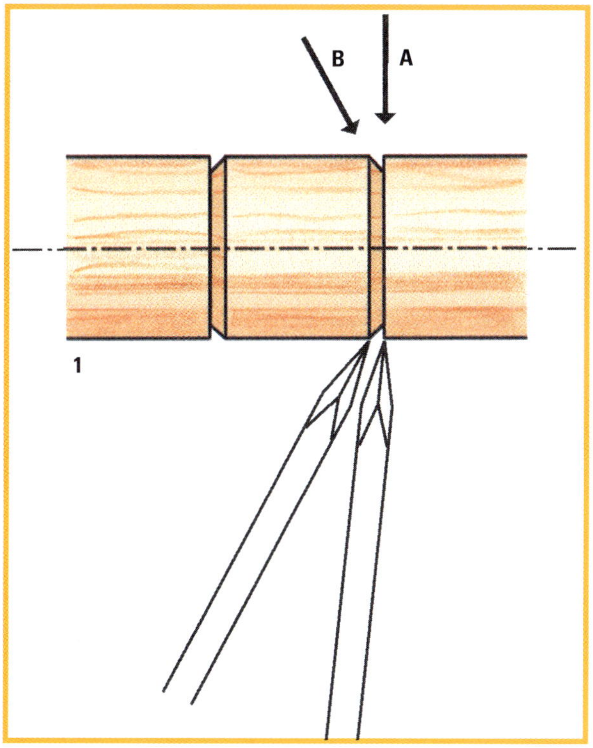

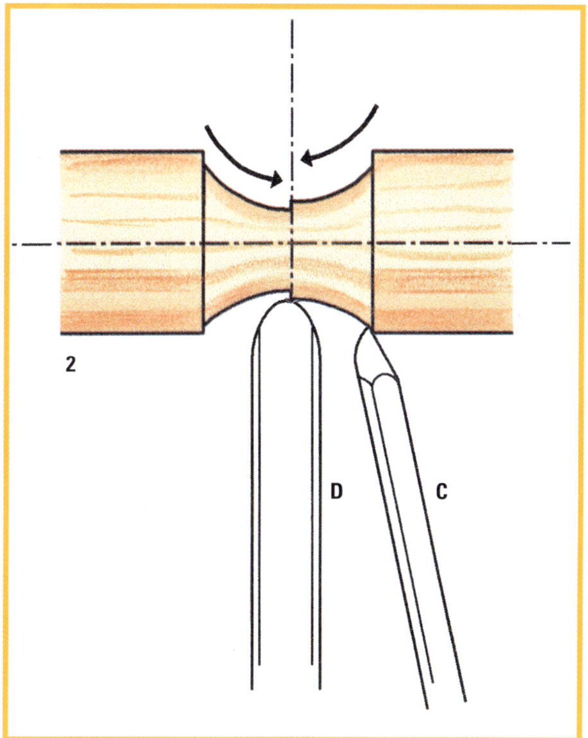

Die Stützkerbe dient dazu, der Röhre einen sicheren Ansatz zu schaffen.

- **A** Mit der Meißelspitze gerade einstechen.
- **B** Mit einem Einstich die Kerbe erweitern.
- **C** Die Schleiffase der Röhre wird seitlich an die Stützkerbe angelehnt.
- **D** Während des *Ausformens* der Kehle wird die Röhre langsam bis zur Mitte hingedreht, so daß diese an der tiefsten Stelle der Kehle wieder gerade steht.

Die Kehle wird ausgeformt, indem man mit der Röhre mehrmals im Wechsel mit *feinem Span* von links und rechts das Werkstück bearbeitet, bis die Tiefe der Kehle erreicht und die Form gleichmäßig ist.

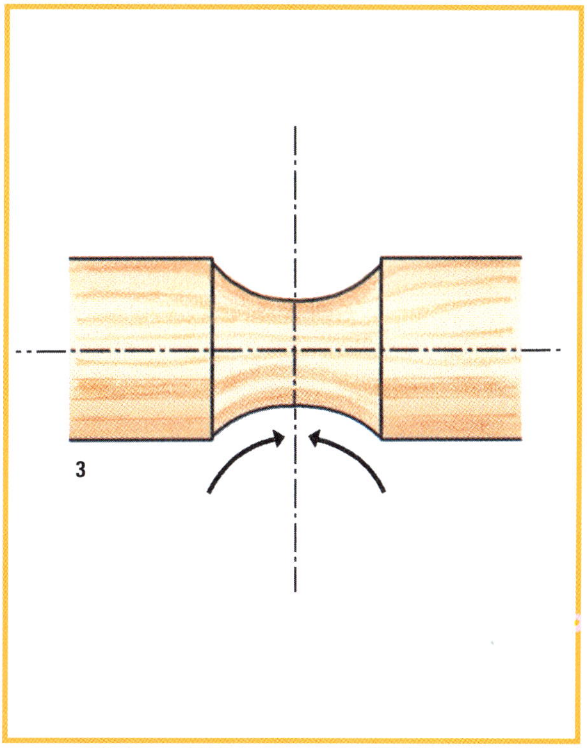

Serviettenringe

Serviettenringe gehören zu den sehr beliebten Objekten eines Drechslers. Sie sind eine praktische Tischdekoration, sehen schön aus und lassen sich in den unterschiedlichsten Varianten und Formen herstellen. Zum Drehen von solchen Serviettenringen muß man mit dem Spundfutter arbeiten. Zunächst macht man aber, wie hier am Beispiel gezeigt, mehrere Entwürfe. Davon soll stellvertretend aber hier nur das Drehen eines Entwurfs demonstriert werden.

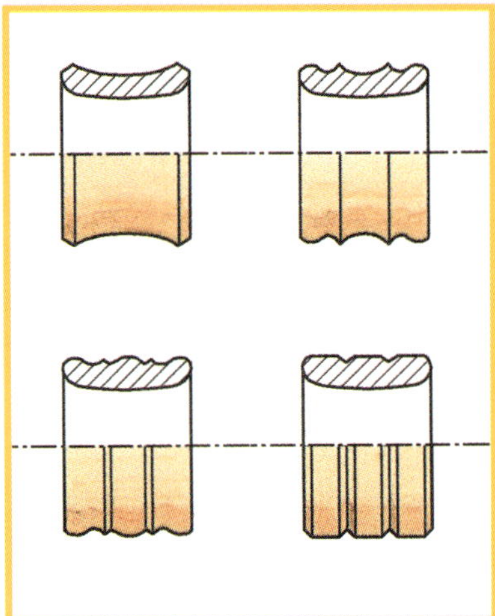

Als Material wurde hier Sipo-Mahagoni verwendet. Es hat eine schöne Rotfärbung, ist nicht besonders hart und läßt sich leicht bearbeiten. Zum Drehen empfiehlt sich eine Drehzahl von n = 2800, zum Bohren eine Drehzahl von n = 600.

Sie können aber noch weitere Formen entwickeln, so daß jedes Familienmitglied oder jeder Gast seinen Ring und so auch seine Serviette erkennt.

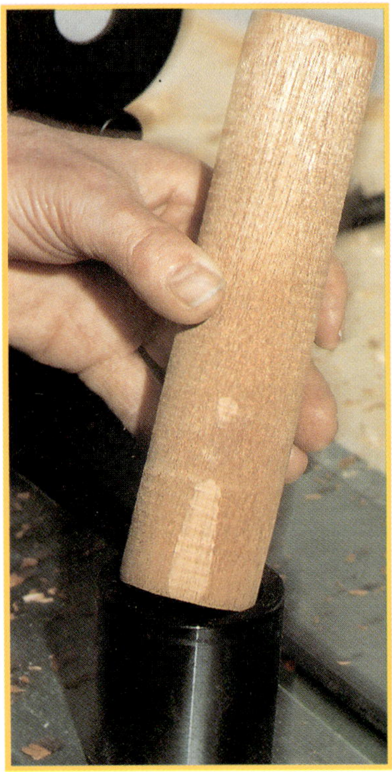

1. Die schon ausgeschrubbte Kantel muß auf einer Seite eine *Passung* für das Spundfutter haben, da das Spundfutter innen konisch ist und das Holz deshalb auf einer Seite ebenfalls konisch passend zum Futter gedreht werden muß.

2. Das Spundfutter, man nennt es auch Einschlagfutter, wird auf das Spindelholzgewinde geschraubt und das Holz mit der Passung in das Futter eingeschlagen. Beim Einschlagen dreht man bei jedem Hammerschlag am Handrad des Spindelstockes, um mit gezielten Schlägen das Holz so weit auszurichten, daß es möglichst *rund läuft*.

3. Anschließend wird in den Konus der Reitstockpinole das Bohrfutter eingesetzt. Es wird mit einem Bohrer von 32 mm oder 35 mm Durchmesser bestückt. Der Vorschub des Bohrers wird mit beiden Händen am Handrad des Reitstockes reguliert, um einen kontinuierlichen Bohrvorgang zu erreichen.

5. Die Zeichnung sollte so plaziert werden, daß man beim Drehen das Profil genau vor Augen hat. Die Breite wird mit einem Spitzzirkel angerissen. Das Drehen des Profils ist jetzt Sache des Augenmaßes und der Erfahrung.

4. Die Innenkante wird mit der kleinen Röhre leicht gerundet, wobei das Werkzeug von innen nach außen geführt wird. Beim Innendrehen liegt die Röhre oben an. So bekommt man einen sauberen Schnitt, weil das Holz mit dem Faserlauf geschnitten wird.

6. Der jetzt fast fertige Ring wird nach dem Schleifen mit der Meißelspitze *abgestochen.* Die rechte Hand führt dabei das Werkzeug, während die linke Hand den abfallenden Ring hält.

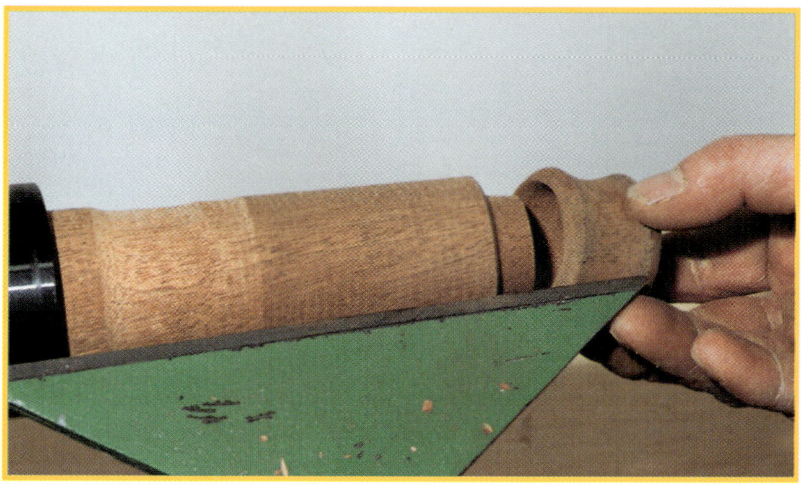

7. Man dreht nun am unbearbeiteten Teil des Werkstückes einen Holzzapfen, steckt die fertige Seite des Ringes darauf und dreht nun, wie beschrieben, die Innenrundung der zweiten Seite des fertigen Rings.

Querholzdrehen einer Teakholzschale

Die edlen exotischen Importhölzer kann man als Abschnitte von Holzimporteuren etwa aus Hamburg beziehen. Deklariert als Drechslerholz gibt es solche Holzabschnitte in vielerlei Arten und unterschiedlich großen Stücken. Auf jedem Stück ist die Holzart vermerkt, und die Stirnseiten sind gegen Rißbildung mit Wachs versiegelt. Der Versand erfolgt meist in einem Sack.

Ein passendes Stück für eine Schale ist schnell gefunden, es ist hier Teak aus Java. In der Regel ist das Holz trocken, kann also sofort verarbeitet werden. Wachs, das nur bei teuren Importholzstücken an den Stirnseiten gegen die Rißbildung aufgetragen wurde, braucht nicht gesondert entfernt werden. Es wird mit den Spänen abgedreht.

Die Vorgehensweise beim Drechseln der Schale ist im Grunde die gleiche wie bei dem Fuß des Modeschmuckständers. Es wird auch hier in Querholz gedreht.

Hinweis: Querholz kann man im Gegensatz zum Langholz ausschließlich mit einem von der Seite kommenden Werkzeug bearbeiten.

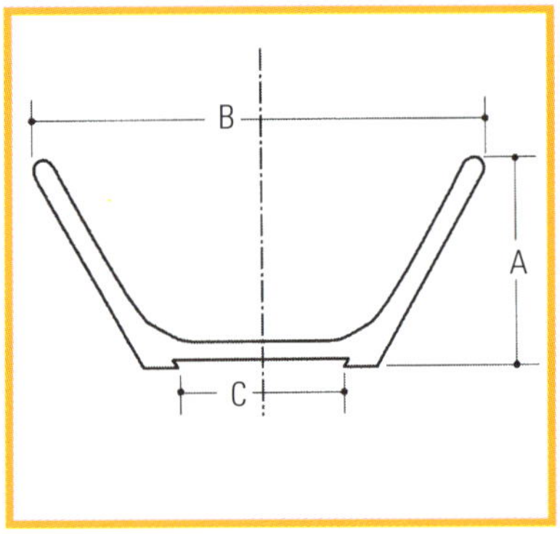

Die Größe und Form der Schale ergibt sich aus den Abmessungen des Holzrohlings. Man muß aber zuerst A = die Stärke, B = den Durchmesser und C = den Spannrand festlegen. Entwerfen Sie sich nun mit diesen drei Maßen eine Form. Es ist ratsamer, sich zuvor eine Skizze, möglichst in natürlicher Größe zu machen. Dies ist besser als eine Form aus dem schönen Holz zu drechseln, die Ihnen dann überhaupt nicht gefällt.

1. Der zuvor möglichst rund geschnittene Klotz erhält in der Mitte wieder die Bohrung für das Schraubenfutter. Wenn das Holz sicher und fest am Flansch des Schraubenfutters anliegt, kann man die Maschine mit einer Drehzahl von n = 1000 laufen lassen.
Läuft die Drehbank unruhig, hat das Holz eine Unwucht, und man muß am Regler die Drehzahl reduzieren.
Zunächst dreht man mit der mittleren Röhre, von der Seite kommend, wie in der nebenstehenden Abbildung gezeigt, einen *Span ab*. Dies wird wiederholt, bis das Holz *rund läuft*. Nehmen Sie nicht zu viel Span auf einmal ab.

2. Inzwischen wurde der Spannrand und auch wieder die kleine Schräge für die Backen des Spreizfutters eingedreht. Wie auf der Entwurfszeichnung für die Teakholzschale (Maßlinie C) zu erkennen ist, hat der Spannrand auf der Innenseite seitlich eine kleine Schräge. In diese Schräge greifen die ebenfalls schrägen *Klauen* der Spannbacken. Nun sollte man die Handauflage schräg und der Form angepaßt dichter an das Werkstück setzen.

3. Die ganze Schale wird, innen oder außen, ausschließlich mit der mittleren Röhre gedreht.

Zum *Umspannen* der außen ausgeformten Schale, lösen Sie diese vom Schraubenfutter. Mit der Spindelarretierung der Drehbank können Sie die Spindel problemlos fixieren und die Schale leicht abschrauben.
Nun muß das Schraubenfutter gegen das Spreizzangenfutter ausgetauscht werden. Die Schale kann dann mit den beiden zum Futter gehörenden Hakenschlüsseln sicher auf der Maschine festgespannt werden.

4. Auf das Spreizzangenfutter umgespannt, kann nun die Innenseite ausgedreht werden.

5. Auch hier beim Querholzdrehen gilt die Regel, daß nur mit der Holzfaser abwärts, also zur Mitte hin, gedreht werden darf.

6. Sie können sich, um mit der Röhre einen sicheren Ansatz zu bekommen, mit der Röhrenkante oder mit dem Meißel zuvor eine Stützkerbe eindrehen. So haben Sie einen Halt zum Ansetzen der Röhre und können problemlos vom Rand aus die Innenseite sauber ausdrehen.

7. Den Grund der Schale dreht man von der Mitte aus hin zum Rand, aber nur bis zu der Stelle, wo das aufsteigende Profil beginnt. Zum Schluß, vor dem Schleifen, dreht man nochmals mit der extra hierfür nachgeschärften Röhre einen hauchfeinen Span ab. Auf diese Weise wird der spätere Aufwand beim Schleifen geringer.

Der beim Schleifen entstehende Holzstaub, muß in gewerblichen Drechselbetrieben abgesaugt werden. Auch für den Hobbydrechsler ist eine Staubabsaugung ratsam. Dazu gibt es in den Baumärkten kleine, mobile Absaugvorrichtungen. Die Späne oder der Staub fallen bei diesen Geräten in einen Müllsack. Die Absauggeräte mit einer Filterpatrone sind wirkungsvoller, als jene mit einem Filtersack.

8. Reißen oder schneiden Sie sich das Schleifpapier in etwa handtellergroße Stücke, und falten Sie es dann dreifach. So kann man das Papier besser halten, es verschiebt sich nicht beim Schleifen und man spürt die Reibungswärme nicht so stark.

9. Eine Schale aus so edlem Holz sollte besonders fein geschliffen werden, denn so kommt nach dem Lackieren die Schönheit der Maserung richtig zur Geltung.

Ständer für Modeschmuck

Dekorativ und zugleich sehr praktisch ist dieser Ständer für Modeschmuck. Er ist ein schönes und nützliches Geschenk, und man kann ihn nicht kaufen. Das Selbermachen ist aber kein Problem.
Man kann den Ständer in verschiedenen Holzarten ausführen, so daß er zum Holz der Einrichtung paßt.

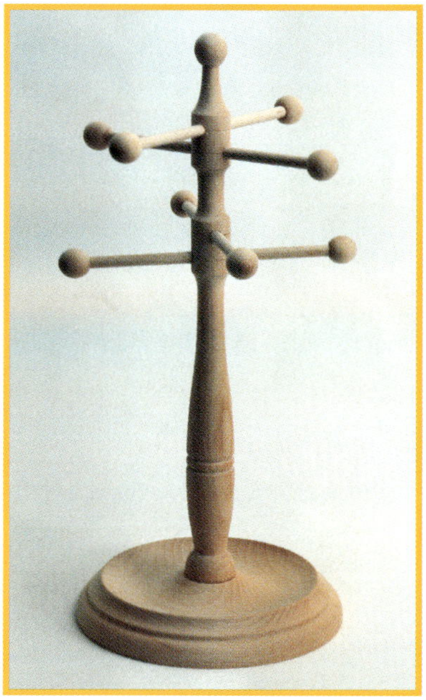

Bei diesem Ständer müssen sowohl die Techniken des Querholz- und auch die des Langholzdrehens angewendet werden. Er ist also ein sehr gutes Übungsstück. Wenn Sie sich genau an die hier beschriebene Vorgehensweise und die einzelnen Arbeitsschritte halten, sowie sich an der in den folgenden Abbildungen gezeigten Handhabung und Haltung der Werkzeuge orientieren, werden Sie diesen Ständer ohne Schwierigkeit selbst anfertigen können.

1. Zunächst wird das Spannloch für das Schraubenfutter freihändig auf der Drehbank gebohrt. Das Bohrfutter steckt mit dem Morsekonus in der Konusaufnahme des Spindelstockes. Die Bohrung muß passend zur Schraubengröße des Futters sein. In unserem Fall sind es 6 mm, da die Schraube des Futters 8 mm mißt. Die Mitte für die Bohrung ist durch Zirkelschlag noch sichtbar. Bohren Sie immer etwas tiefer als nötig. Berührt die Schraube den Grund des Bohrlochs, hält das Holz später nicht.

2. Zwischen dem Futterflansch und dem Werkstück werden immer zwei oder drei Sperrholzscheiben angebracht. Sollte die Bohrung des Werkstückes bei der Bearbeitung ausreißen, kann eine der Holzscheiben entfernt und das Werkstück erneut aufgeschraubt werden. Wichtig dabei ist, daß die Holzscheiben fest am Futterflansch anliegen und nicht wackeln. Den Halt dafür gibt weniger die Schraube als der feste und enge Sitz am Flansch.

3. Die Rückseite wird jetzt mit der großen Röhre, der Schrubbröhre, bei geringer Spanabnahme plangedreht.

4. Anschließend wird der Spannrand auf die Größe des Spreizfutters *angerissen.* Darauffolgend wird mit der linken Seite der großen Röhre eine Vertiefung von 4 – 5 mm in das Holz eingedreht.

5. Die Seite des Spannrandes wird mit dem flach liegenden Meißel zur Schwalbenschwanzschräge für die Spreizbakken nachgedreht. Dies geschieht auf die gleiche Weise, wie es bei der Rückseite der Teakholzschale schon beschrieben wurde. Da der Spannrand nach innen abgeschrägt ist, wird er auch als *Schwalbenschwanzschräge* bezeichnet.

6. Auch wenn es die Unterseite des Ständers ist, sollte sie etwas geschliffen werden.

7. Das Schraubenfutter wurde jetzt gegen das Spreizzangenfutter ausgetauscht. Im zuvor angedrehten Spannrand bekommt das Werkstück nun seinen neuen Halt.

8. Mit den beiden Hakenschlüsseln werden die Backen des Spreizzangenfutters gespreizt und somit festgezogen.

9. Die äußere Form des Fußes dreht man zunächst mit der mittleren Röhre, läßt aber hinten einen kleinen Rand stehen. Dreht man die Profilform gleich vollständig, würde die zuvor gedrehte Rückseite einsplittern. Der kleine Rand ganz links im Bild, kann sogar noch etwas schmaler sein. Er wird dann mit der gleichen Röhre, doch von der hinteren Seite kommend, *beigedreht.*

10. Die Röhre von hinten nach vorne ziehend nimmt man nun den stehengelassenen Rand ab.

11. Mit der kleinen Röhre wird anschließend noch ein ganz feiner Span zur endgültigen Formgebung abgenommen.

12. Die Vertiefung im Sockel wird nun mit der mittleren Röhre von beiden Seiten kommend zur Mitte hin führend ausgedreht.

13. Zum Abschluß wird zunächst mit der kleinen Röhre das Zapfenloch vorgedreht. Es wird dann mit der spitzen Seite des kleinen Meißels, in flach liegender Stellung, auf das genaue, vorher festgelegte Maß, ausgedreht.

Nachdem nun der Sockel aus Querholz im wesentlichen fertiggestellt und auch geschliffen wurde, kann der Ständer in Angriff genommen werden. Er muß allerdings in der Technik des Langholzdrehens gearbeitet werden. Als Material für den Ständer verwenden wir das von vielen Drechslern bevorzugte Erlenholz.

14. Um die Kantel zentrisch spannen zu können, muß auf dem *Hirnholz,* man sagt auch *Kopfholz,* die Mitte angezeichnet werden.

15. Man kann auch durch das Anzeichnen paralleler Striche schnell die Mitte kennzeichnen.

16. Die Kantel wird nun an der markierten Mitte auf die Spitze des Mitnehmers gedrückt. Mit einigen leichten Hammerschlägen vertieft man diese leichte Einkerbung, die durch den Mitnehmer in der Stirnholzseite beim Aufdrücken entstanden ist. Die Kantel sitzt so sicherer in der Maschine. Dann wird mit der Körnerspitze des Reitstockes das Holz festgespannt.

17. Als nächster Arbeitsgang folgt das Ausschrubben. Hierbei wird mit der großen Röhre die Kantel auf eine gleichmäßige Stärke rund gedreht. – n = 1800.

18. Mit dem Spitzzirkel wird ein Maß von der Zeichnung abgenommen.

19. Dieses abgenommene Maß wird bei laufender Maschine in das Holz eingeritzt.

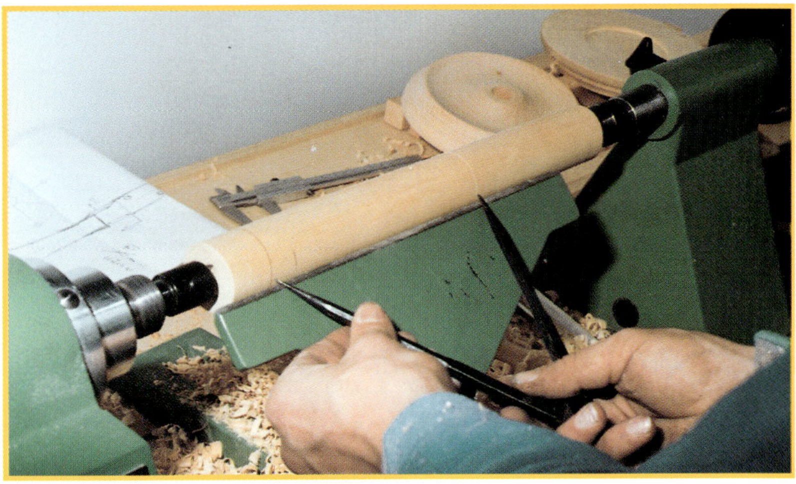

20. Um die Kerben zwischen den einzelnen Profilteilen anzulegen, sticht man zunächst bei den mit dem Zirkel angerissenen Profilabschnitten gerade in das Werkstück ein. Dazu verwendet man die Spitze des kleinen Meißels bei einer Drehzahl von n = 2500.

21. Ein weiterer zweiter Einstich erfolgt anschließend schräg, um die Kerbe zu verbreitern. Dies wiederholt man, bis die gewünschte Tiefe erreicht ist.

22. Mit der mittleren Röhre dreht man nun zwischen den Kerben die Form.

23. Ist die gewünschte Form zwischen den Kerben gedreht, wird der Ständer mit dem Meißel in der abgebildeten Stellung *geschlichtet.* Auf diese Weise erhält man eine glatte, fast glänzende Oberfläche.

24. Natürlich muß das ganze Werkstück nun noch geschliffen werden. Dazu verwendet man Schleifpapier mit der Körnung 120 und anschließend 180.

25. Um das Spannwerkzeug zu wechseln, muß der Dreizackmitnehmer aus der Konusaufnahme gelöst werden. Ein Schlag mit dem Hammer ist meist hilfreich, wenn das Spannwerkzeug nicht mit eigener Kraft gelöst werden kann. Verwenden Sie dazu einen Kunststoffhammer. Falls der Schlag daneben gehen sollte, gibt es keine Beschädigungen an der Maschine. Sie können sich natürlich auch einen Holzhammer selbst auf der Drehbank anfertigen.

26. Für die Arme des Ständers werden Rundstäbe in einer Stärke von 8 mm benötigt. Solche langen dünnen Teile kann man nur sehr schlecht auf die herkömmliche Art drehen. Sie würden dem Druck des Werkzeugs nachgeben und sich bei der Arbeit durchbiegen. Deshalb arbeitet man hier mit einem Hand-Dübelfräser. Dieses praktische Werkzeug gibt es für Rundstäbe von 8 – 25 mm Durchmesser und arbeitet nach dem Prinzip eines einfachen Bleistiftspitzers. Es dauert keine halbe Minute und der Rundstab ist fertig. – n = 2000. Weit billiger und unkomplizierter ist es allerdings, wenn Sie diese Rundstäbe in der Holzabteilung eines Baumarktes kaufen.

27. Zum Bohren der Löcher für die Arme wird der Schleiftisch in die Halterung der Handauflage gesetzt. Die Stellen für die Bohrungen sind schon beim Drehen des Schaftes durch Einstiche mit der Meißelspitze markiert worden. Später wirken diese Einstiche gleichsam wie dekorative Verzierungen.

28. Für die winklige Bohrung muß hier das Augenmaß helfen. Zur besseren Kontrolle der Paßgenauigkeit steckt man schon in die erste Bohrung einen Rundstab.

Die Kugeln für den Abschluß der einzelnen Arme des Ständers dreht man im *Spundfutter,* auch Einschlagfutter genannt.
Eine kleine Kantel von etwa 25 x 25 mm Größe und höchstens 18 cm Länge wird zwischen Mitnehmer und Körnerspitze *ausgeschrubbt.* Es wird gleichzeitig ein kleiner Konus an einer Seite passend für das Spundfutter mit *angedreht.* Man schraubt nun das Futter auf die Drehbank und schlägt das vorgedrehte Holz in das Futter ein. Anschließend dreht man noch einen Span ab, damit das Werkstück *rund läuft* und auch gleich den Durchmesser der Kugeln bekommt. Mit der Meißelspitze wird noch eine *Körnung,* also eine Vertiefung, in die Stirnseite gedreht, um für den Bohrer einen Ansatz zu bekommen. – n = 3000.
Man spannt den Bohrer in ein Bohrfutter, daß man für den Bohrer eine Art Handgriff hat. Der Bohrer wird hier mit der Hand geführt. Er steht

29. Man legt den Meißel flach auf die Handauflage und bohrt freihändig das Loch bis etwa zur Mitte der Kugel.

still während sich das Holz dreht. – n = 1000.
Um eine gleichmäßige Tiefe der Bohrung zu erreichen, markiert man sich die Länge am Bohrer. Soll eine größere Anzahl Kugeln gefertigt werden, ist es ratsam, sich einen festen Anschlag einzurichten. Man dreht eine kleine Holzhülse und schiebt sie auf den Bohrer. Sonst genügt es, wenn man die Tiefe mit einem Klebstreifen um den Bohrer markiert.

30. Mit der kleinen Röhre dreht man nun die äußere Form. Vergessen Sie nicht, die Kugel zu schleifen bevor Sie sie *abstechen.* Sie können vom selben Stück gleich die nächste Kugel abdrehen, bis das Holz verbraucht ist. Profis drehen die Kugeln mit der stumpfwinkligen Seite des Meißels.

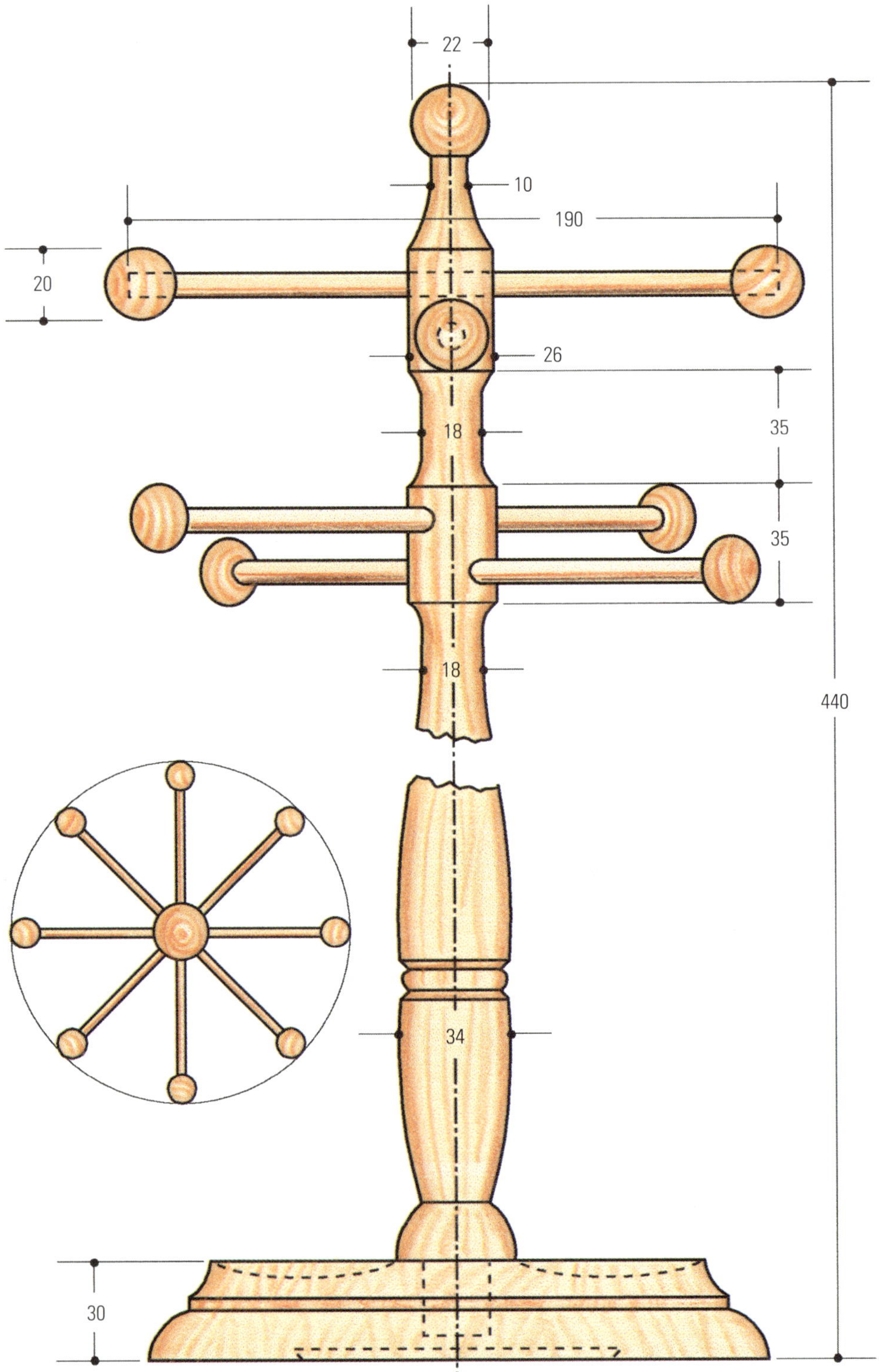
22
10
190
20
26
35
18
35
440
18
34
30

Tiefenlochbohren

Wenn man den Fuß einer Tisch- oder Stehlampe drechseln möchte, muß man für das Elektrokabel längs durch den Schaft eine Bohrung führen. Diese kann, ist der Bohrer nicht lang genug, auch von zwei Seiten gebohrt werden, so daß die beiden Bohrlöcher in der Mitte zusammentreffen. Das Holz sitzt ebenso, wie bei den Serviettenringen bereits beschrieben, im Spundfutter. Um für den Bohrer einen Ansatz zu bekommen, dreht man mit dem kleinen Meißel eine Anfangskörnung. Der erste Bohrdurchmesser sollte etwa 6 mm sein. Man kann immer nur 2 – 3 cm tief bohren, da der Löffel dann mit Bohrspänen gefüllt ist. Man zieht den Bohrer zurück, wirft die Späne aus und kann erneut weiterbohren. Soll ein Loch mit einem größeren Durchmesser gebohrt werden, so muß man weitere Löffelbohrer mit größeren Durchmessern haben. Der nächstgrößere Bohrer hat 10 mm Bohrdurchmesser. Alle diese Bohrer, außer dem ersten, schneiden nur seitlich. Es ist nicht möglich, gleich in einem Durchgang einen großen Durchmesser zu bohren, sondern man kann nur ein kleineres Loch aufbohren und dies dann schrittweise vergrößern. Nur so läßt sich der Bohrer sicher mit der Hand führen. – n = 1000.

Für solch lange oder tiefe Bohrungen benötigt man nicht unbedingt spezielle Werkzeuge. Man kann einfache Löffelbohrer mit einem langen Schaft und einem Werkzeugheft am Ende verwenden. Der Bohrer wird freihändig geführt und steht still, während sich das Werkstück dreht. Dies funktioniert wunderbar, da der Löffelbohrer einschneidig wirkt, und sich somit selbst zentriert.

Die drei Löffelbohrer mit zunehmendem Durchmesser werden zum Bohren auch von größeren Tiefenlöchern verwendet.

Für ein offenes Bücherregal sind diese kleinen Säulen mit einem Holzgewinde bestens geeignet. Ein solches Regal ist recht unkompliziert zu bauen und wirkt in der entsprechenden Umgebung sehr schön. Außer den Zwischenböden benötigt man lediglich einige Säulchen mit Innen- und Außengewinde. Die kleinen Säulen können den individuellen Wünschen entsprechend in der Höhe variiert und natürlich auch gestaltet werden.

Es empfiehlt sich, das *Kernloch* für das Gewinde als erstes zu bohren. So kann dann das noch vierkantige Holzstück gut in den Schraubstock gespannt werden. Auf diese Weise kann man mit dem Windeisen besser hantieren, da sich das Werkstück so fester halten läßt. Da das Holz noch so stark ist, kann das Loch außerdem beim Schneiden des Gewindes nicht so leicht aufplatzen. Schließlich bekommt man so die Bohrung immer in die Mitte des Werkstücks, weil im Bohrloch gespannt werden kann und dann das Stück erst rund gedreht wird. Das Profil wird ebenso gedreht wie beim Langholzdrehen des Schmuckständers beschrieben. Die Füße und auch die oberen Abschlüsse für das Regal fertigt man ebenso wie die Säulchen, nur etwas kürzer und mit nur einem Innen- oder Außengewinde, an einer Seite.

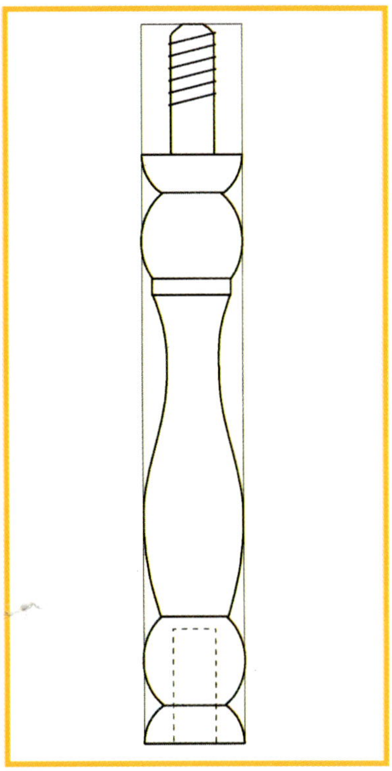

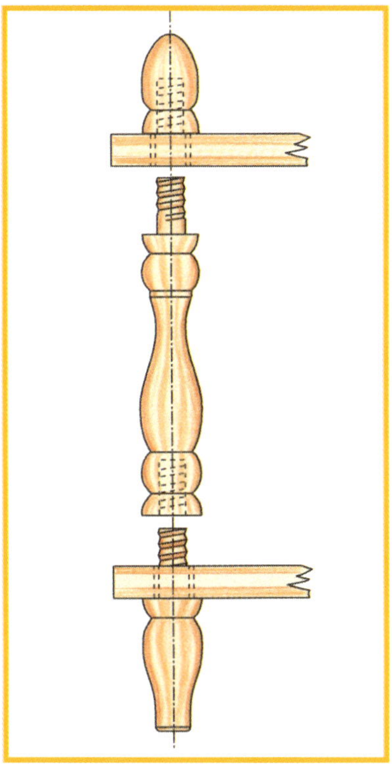

Man braucht für diese Säulchen nicht immer unbedingt eine genau ausgeführte Werkzeichnung. Es genügt, wenn die Form freihändig in ein langgezogenes Rechteck skizziert wird. Dieses Rechteck entspricht der Form einer Kantel. Man kann jedoch ebensogut die Form gleich auf der Kantel skizzieren.

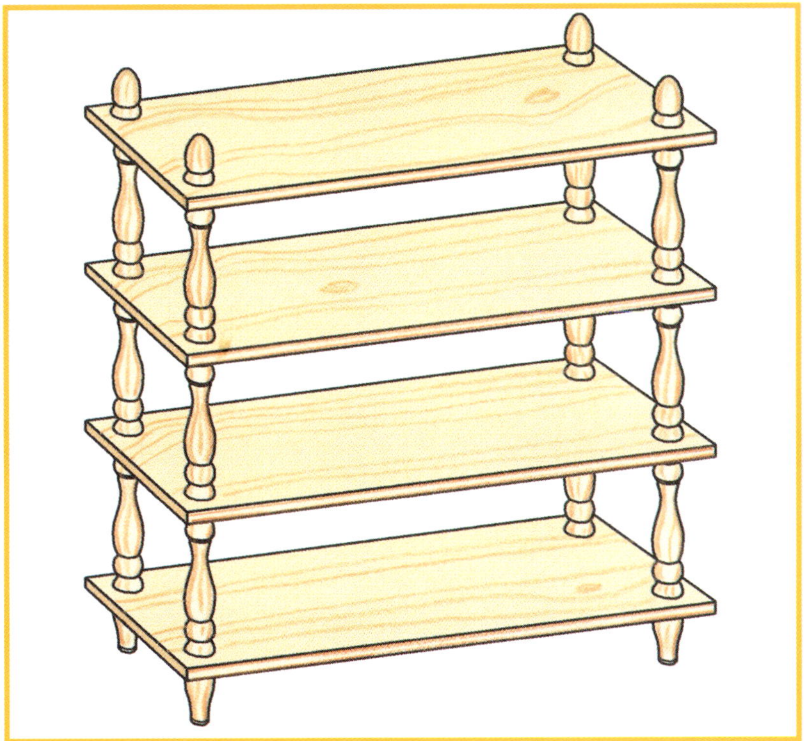

16-mm-Schneideisengarnitur.

Das Außengewinde am Zapfen wird mit der *Kluppe* geschnitten. Man kann deutlich sehen, wie sich der Span abrollt.

Das Innengewinde schneidet man mit dem *Bolzen*. Dieser wird mit einem *Windeisen* gehalten und mit der Hand eingedreht.

Unser Meisterstück, ein Intarsienteller

Natürlich ist der hier gezeigte Teller kein Meisterstück nach der Handwerksordnung, aber er erfordert doch schon einige Fertigkeiten und einiges Fingerspitzengefühl. Doch keine Sorge, die Laubsägearbeiten sind leichter zu machen, als sie aussehen und schon Kinder bewältigen sie bei einiger Übung.
Besorgen Sie sich bei einem Möbelschreiner Furnierabfälle aus verschiedenfarbigen dunklen und helleren Hölzern.

Zeichnen oder pausen Sie dieses oder ein anderes Motiv, vielleicht Ihr Familienwappen, auf ein passendes Furnierstück. Legen Sie ein andersfarbiges Furnier dort darunter, wo, wie hier bei der Figur des Harlekins, der Arm, die Schuhe oder die Haube eine andere Holzfarbe erhalten sollten. Kleben Sie dieses Furnier mit einem Klebestreifen fest. Stechen Sie an einer Ecke ein Loch durch beide Furniere und fädeln Sie durch dieses Loch das Laubsägeblatt ein. Sie haben jetzt einen Ansatz für den Laubsägeschnitt. Nun sägen Sie das Teil entsprechend aus.

Nach dem Aussägen der jeweiligen Teile brauchen Sie diese nur noch untereinander auszutauschen und von der Rückseite das neue Teil mit einem Klebestreifen zu fixieren. Fahren Sie auf diese Weise mit dem Aussägen und Austauschen der Bildteile fort, bis das Bild nach ihrem Entwurf fertig ist. Bedenken Sie, daß das Motiv des Furnierbildes nach dem Aufleimen spiegelverkehrt zu sehen ist. Die beim Aussägen sichtbare Seite wird nun beim Furnieren aufgeleimt. Bei Häusern, Landschaften oder einem Familienwappen muß die Zeichnung mit Hilfe eines Transparentpapiers beim Aufzeichnen auf das Holz schon seitenverkehrt durchgepaust werden. Sollten Sie beim Aussägen einmal etwas daneben schneiden, passen die Teile trotzdem immer ineinander.

Drehen Sie entsprechend der Motivgröße den passenden Teller mit einer in der Mitte leicht erhabenen Fläche für das Bild. Diese Fläche muß *plan* sein, ebenso auch die Beilageklötze, die Sie zum Einspannen benötigen.

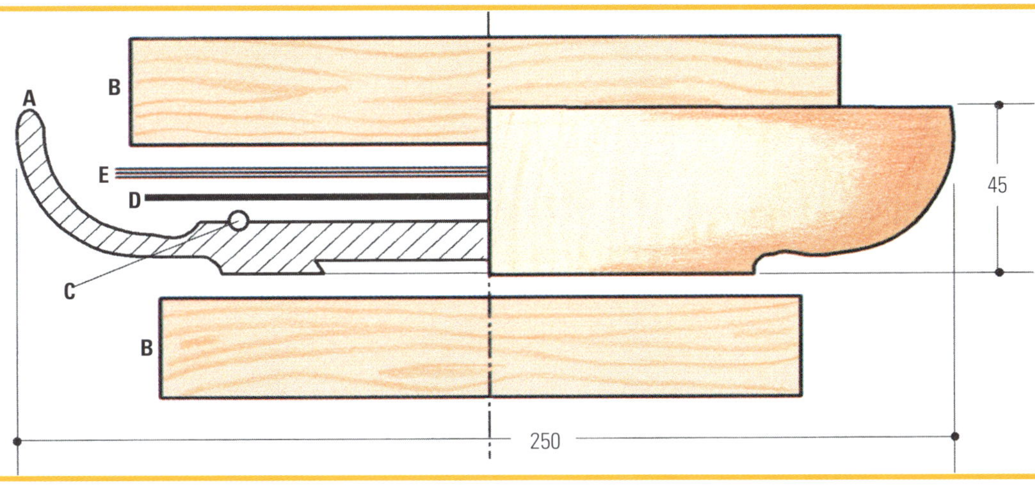

A Teller mit leicht erhabener Fläche für das Intarsienbild

B Zwei Beilagehölzer zum Spannen für die Schraubzwingen. Der untere Klotz kann eckig sein, der innere Klotz muß rund geschnitten werden, so daß er den Teller am Rand nicht berührt. Das obere runde Beilageholz muß *plan* sein, ebenso die erhabene Fläche im Teller.

C Der weiße Holzleim darf nur auf dieser Fläche im Teller aufgetragen werden.

D Furnierbild

E Papierlagen

Wenn das Einspannen funktioniert, bestreichen Sie die im Teller erhabene Fläche einseitig mit weißem Holzleim und legen das Furnierbild mit dem Gesicht auf den Leim. Achten Sie darauf, daß die Maserung des Furniers und die des Tellers, beim Aufleimen in gleicher Richtung verlaufen. Dann spannen Sie das ganze Paket, wie auf dem oberen Foto gezeigt, mit den Schraubzwingen fest.

Bevor Sie den *Leim angeben,* um das Bild auf dem Teller zu fixieren, probieren Sie das Einspannen ohne Leim.

Legen Sie zwischen Bild und Beilagehölzer zwei oder drei Bogen Zeitungspapier. Falls der Leim aber durchschlagen sollte, wäre der Beilageklotz mit dem Bild unlösbar verbunden.

Nach ca. einem Tag, wenn der Leim durchgehärtet ist, können Sie die Zwingen lösen und die Klebestreifen von der Laubsägearbeit entfernen.

Jetzt wird das überstehende Furnier noch mit der Schneide eines Meißels *beigestochen*, d. h. die überstehenden Furnierteile werden begradigt. Zum Schluß wird der Teller mit Schleifpapier der Körnung 120 und dann 180 geschliffen. Achten Sie darauf, daß Sie das dünne Furnier nicht durchschleifen!

Hinweis: Verwenden Sie für das Aussägen des Furnierbilds ganz feine Laubsägeblätter. Die Fugen sind dann weniger sichtbar.

Die beiden Schellen unseres Harlekins sind aus Perlmutt. Für die Perlmuttscheibchen müssen noch zwei passende Löcher gebohrt werden, um sie einleimen zu können. Probieren Sie das Bohren erst an einem Stück Abfallholz aus, denn das dünne Furnier könnte einreißen, wenn der Bohrer nicht sauber schneidet. Zudem könnten die Löcher zu tief oder zu groß werden. Erst wenn dies sicher klappt, sollten Sie die beiden Löcher vorsichtig in den fast fertigen Teller bohren.

So sollte es nicht gemacht werden

Seit bald 50 Jahren taucht in der Drechslerliteratur regelmäßig wiederkehrend dieses oder ein ähnlich geartetes Werkzeug auf. Diese Wunderwerkzeuge, sogenannte *Rundschaber* oder Innenausdrehschaber, werden meist von Nichtfachleuten empfohlen. Sie sollten jedoch auf keinen Fall für Drechselarbeiten verwendet werden, auch dann nicht, wenn der Prospekt, in dem sie angeboten werden, noch so bunt oder die Empfehlungen noch so überzeugend und einleuchtend klingen.

Dieser Schaber ist ein in jeder Beziehung absolut ungeeignetes Werkzeug. Es erleichtert dem ungeübten Drechsler nicht die Arbeit, sondern erschwert sie zusätzlich.

Zur Demonstration habe ich eine Schale aus Erlenholz mit diesem völlig ungeeigneten Werkzeug vorgedreht. Die Holzfaser wurde, wie man deutlich erkennt, durch dieses Werkzeug tief eingerissen, da es nur *schabt* aber nicht *schält.*

Die gleiche Schale ist hier nur mit der mittleren Röhre fertig gedreht worden. Der Schnitt wurde so sauber, daß er sogar glänzt. Die abgebildete Schale ist noch nicht einmal geschliffen.

Die Oberflächenbehandlung ist eigentlich ein Oberbegriff für verschiedene Techniken der Oberflächenveredlung wie Beizen, Lackieren, Wachsen oder Ölen. Die Art der Oberflächenbehandlung ist abhängig von der späteren Verwendung des Objekts, der Art des Auftrags und dem gewünschten Oberflächencharakter. Objekte, die später mit Lebensmitteln in Berührung kommen, wie etwa Schalen, müssen mit einem Mittel behandelt werden, z. B. mit handelsüblichem Sonnenblumenöl, das nicht gesundheitsschädlich ist.

Die Art des Auftrags der Oberflächenmittel, also der Auftrag mit dem Pinsel, einem getränkten Stoffballen oder sogar das Aufspritzen ist für die Wirkung der Oberfläche allerdings erst in zweiter Linie wichtig. Entscheidend ist die gewählte Oberflächenbehandlung und die entsprechend eingesetzten Mittel.

Bisher waren alle Teile unserer gedrechselten Gegenstände roh, d. h. unbehandelt. Jetzt sollen die einzelnen Oberflächen eine ihnen entsprechende Oberflächenbehandlung erhalten.

TEAKHOLZSCHALE

Teak ist ein fetthaltiges Holz. Es wird deshalb nicht lackiert, sondern nur geölt. Das Teaköl wird einfach mit einem Lappen aufgetragen und schon ist die Schale fertig. Die Oberfläche bleibt matt.

ZWEI LEUCHTER

Beide Kerzenleuchter sind aus Kambala. Auch dieses Holz ist fetthaltig, so daß es auch gut mit Öl behandelt werden könnte. Die Oberfläche soll hier aber gewachst werden. Holzwachs kann man flüssig und farblos kaufen. Es ist aber auch eingefärbt erhältlich. Um die Färbung des Holzes dunkler werden zu lassen, soll bei unserem Beispiel ein eingefärbtes Wachs verwendet werden. Bei laufender Drehbank mit einer Drehzahl von n = 350 läßt sich das Wachs gut mit einem Lappen auftragen. Nach einer Stunde Trockenzeit lassen sich die Leuchter in der Drehbank bei einer Drehzahl von n = 600 mit einem Lappen blankreiben.

MODESCHMUCKSTÄNDER

Auf das Erlenholz wird mit einem Pinsel die gebrauchsfertige Wasserbeize aufgetragen.
Lassen Sie keine Lachen oder übernasse Stellen auf dem Holz stehen. Die Beize erzeugt dort unansehnliche Ränder.
Nach dem Trocknen des Beizauftrags reiben Sie den Ständer mit einem groben Lappen kräftig ab, denn das gebeizte Teil fühlt sich durch die aufgerichteten Holzfasern rauh an.
Streichen Sie anschließend den Ständer mit Schnellschliffgrundierung ein. Nach dem Trocknen wird er mit einem Schleifvlies abgerieben und Sie haben eine sehr schöne und glatte Oberfläche. Zuletzt wird noch ein farbloser Nitro-Streichlack aufgetragen.

Kaufen Sie grundsätzlich zu dem Lack immer eine Dose entsprechenden Verdünner. Bei größeren Flächen oder einer Arbeit mit vielen Ecken oder Kanten, wie etwa unserem Schmuckständer, verdünnt man den als gebrauchsfertig gekauften Lack um 10 %. Sie brauchen die Verdünnung auch um Pinsel oder Spritzpistole anschließend zu reinigen. Nitrozelluloselacke sind zur Verarbeitung auf Holzoberflächen sehr gut geeignet, da sie ausgezeichnet auf dem Holz haften und sich leicht verarbeiten lassen. Sie sind allerdings für Außenanstriche nur bedingt geeignet, da sie nicht wetterbeständig sind.
Oberflächenmittel auf Basis von Holzzellulose sind die besten Überzugmittel für das Holz überhaupt. Sie enthalten aber chemische Lösungsmittel, die nach dem Auftrag verfliegen und der entstandene Lackfilm so keine gesundheitsschädlichen Wirkungen hat. Der schnelltrocknende und hochglänzende Nitrozelluloselack ist noch nicht so sehr lange in Gebrauch. Und noch vor nicht allzu langer Zeit war die Oberflächenbehandlung mit in Spiritus gelöstem Schellack eine mühselige Arbeit.

Hinweis: Lacke werden oft in zu starker Viskosität verarbeitet und aufgetragen. Sie sollten besser etwas verdünnt werden und gegebenenfalls nach dem Zwischentrocknen nochmals gestrichen oder gespritzt werden. Bei der Arbeit mit Nitrolacken benötigen Sie auf jeden Fall einen Nitroverdünner, und sei es nur zum Reinigen des Pinsels oder der Spritzpistole.

KIRSCHBAUM-KERZENLEUCHTER

Einen solchen Leuchter sollte man am besten lackieren. Dazu läßt man die Drehbank mit der niedrigsten Geschwindigkeit laufen und trägt den Lack bei laufender Maschine mit dem Pinsel auf. Genau wie bei dem zuvor beschriebenen Ständer wird erst die Schnellschliffgrundierung aufgetragen. Nach dem Trocknen ist die Grundierung durchgehärtet und der Leuchter wird mit dem Schleifvlies bei laufender Drehbank und einer Drehzahl von n = 350 geglättet. Als Überzugslack wird ein *Nitro-Streichlack; glänzend* aufgetragen. Der Lack ist wasserklar und läßt durch seinen Glanz das rote Kirschbaumholz geradezu leuchten. Arbeiten Sie hierbei sehr zügig, denn wenn Ihnen der Lack am Pinsel trocknet, gibt es überall am Leuchter häßliche Streifen. Die meisten Lackierfehler entstehen dadurch, daß der Lack in seiner Viskosität zu dickflüssig ist oder zu stark aufgetragen wird. Arbeiten Sie deshalb besser mit dünnerem Lack und tragen ihn mehrfach auf.

INTARSIENTELLER

Auch hier geht man wie zuvor beschrieben vor. Zuerst wird mit der Schnellschliff-Grundierung die Rückseite gestrichen. Nachdem die Rückseite getrocknet ist, wird die Innenseite mit der Grundierung gestrichen, die dann ebenfalls trocknen muß. Wenn die Grundierung nach ca. einem Tag durchgehärtet ist, wird der Teller auf die Drehbank gespannt.
Mit einem Schleifvlies wird die Oberfläche wieder bei einer Drehzahl von n = 350 leicht überschliffen. Der Teller muß sich glatt anfühlen. Für den Überzug verwendet man einen farblosen *Nitro-Streichlack; matt*. Die matte Fläche wirkt hier viel feiner als eine glänzende Oberfläche.

Alle angeführten Lacke, Beizen und Wachse sind eigens für den Kleinverbrauch konzipiert und schon gebrauchsfertig für die Verarbeitung mit dem Pinsel eingestellt. Jede Dose ist mit Gebrauchshinweisen versehen. Werden sie beachtet, steht einem guten Ergebnis nichts im Wege, und es kann eigentlich auch nichts falsch gemacht werden.
Im Allgemeinen sind den Lacken Lösungsmittel beigemengt, die ihre Viskosität beeinflussen. Sie verdunsten beim Lackauftrag und hinterlassen dann den trockenen Farbfilm, die Lackfläche. Besonders fein und sauber wird diese Lackfläche dann, wenn das bearbeitete Holz zuvor sorgfältig geschliffen wurde. Die in den Lacken enthaltenen Lösungsmittel bzw. deren Dämpfe sind allerdings oft feuergefährlich und zudem gesundheitsschädlich. Sorgen Sie deshalb bei der Verarbeitung von Lacken immer für eine gute Durchlüftung der Räume und gehen Sie vorsichtig mit offenem Feuer um, auch wenn die kleinen Mengen, die Sie verarbeiten, noch nicht den strengen Sicherheits- und Arbeitsschutzbestimmungen der gewerblichen Wirtschaft unterliegen. Achten Sie auch auf eine umweltverträgliche Entsorgung der eventuell anfallenden Lack- oder Lösungsmittelreste.